어디서나 불쑥 얼굴을 내미는 뜻밖의 수학

오가와 요코 + 후지와라 마사히코 지음 | 김난주 옮김

어디서나 불쑥 얼굴을 내미는 뜻밖의 수학

우리학교

들어가는 말

수학을 통해 뜻밖의 아름다움을 보다

우연한 계기로 주인공이 수학자인 소설을 써 보자고 생각했어요. 그전까지는 거의 모든 소설을 취재하는 과정 없이 상상력에만 의존해서 썼는데, 수학자에 관해서는 그러면 안 될 것 같았어요. 수학자는 저와 너무나 동떨어진, 상상조차 되지 않는 곳에 사는 사람들이란 이미지가 있었기 때문이에요. 그런 생각 끝에 지인의 도움으로 후지와라 마사히코 선생님을 소개받았어요.

오차노미즈 여자 대학교의 연구실로 처음 후지와라 선생님을 찾아뵈었을 때 일을 잊을 수가 없군요. 수학자는 과연 어떤 모습일까? 어떤 태도, 어떤 말투로 나를 대해 줄까? 소설을 위한 취재라는 수상쩍은 이유로 들이닥친 작가에게 인사나 제대로 해 줄까?

언짢은 표정으로 내쫓는 것은 아닐까? 불안한 마음에 온갖 생각이 뇌리를 스쳤답니다.

그러나 쓸데없는 걱정이었어요. 후지와라 선생님은 신사적인 미소로 저를 맞아 주었습니다. 연구실 역시 그저 평범한 방이었어요. 그리고 선생님은 마치 시를 낭독하듯, 음악을 연주하듯 수학의 아름다움을 이야기해 주셨죠.

또 수학의 세계에 감춰져 있는 진리가 얼마나 숭고한 영원성을 실현하고 있는지 알려 주셨답니다. 제가 난생처음 만난 수학자는 유머 감각이 넘치는 낭만주의자였어요.

저는 학창 시절에는 그토록 꺼렸던 수학이 예술이나 자연과 마찬가지로 인간에게 감동을 선사한다는 사실에 무척 놀랐습니다. 그리고 위대한 수의 세계 앞에 고개를 숙이고, 그 속에 담긴 진리를 캐내기 위해 애쓰는 수학자들의 굳건한 자세에 감동했어요. 그것은 모든 방면의 위대한 지혜를 다하는 일이었으니까요. 후지와라 선생님을 만난 덕분에 저는 수와 언어를 융합시킨 소설이 성립할 수 있다고 확신했습니다.

소설 『박사가 사랑한 수식』을 무사히 출간한 뒤, 시세이도의 토크쇼 〈워드 프라이데이〉에서 후지와라 선생님과 대담을 하게 되었어요. 무척 자극적이고 흥겨운 대담이었지요. 그리고 치쿠마쇼보에서 그 토크쇼의 내용을 확대해 책으로 만들고 싶다는 제안을 받았어요. 뜻하지 않은 행운이 겹친 셈이었어요.

이 책의 1장은 시세이도의 〈워드 프라이데이〉에서 했던 대담을 바탕으로 재구성한 것이고, 2장은 제가 선생님께 들은 이야기를 정리한 것입니다.

수학에 대한 제 지식 수준은 한마디로 동네 소년 야구단의 후보 선수 정도라고 할 수 있어요. 후시와라 선생님은 당연히 메이저리그의 선수겠지요. 이렇게 엄청난 지식의 차이가 있었지만 저는 선생님과 대화하는 내내 한순간도 따분하지 않았어요. 따분하기는 커녕 새로운 지평이 잇따라 눈앞에 펼쳐지면서 수많은 질문이 솟아났지요. 이 책을 읽게 될 많은 독자에게도 제가 느낀 가슴 벅찬 흥분이 반드시 전해질 것이라고 믿어요. 우리가 서 있는 세계가 이렇게 아름다운 비밀로 충만하다는 사실을 더 많은 사람과 공유할 수 있다면 더없이 행복할 것 같군요.

아낌없이 도와주신 시세이도 제작진들, 이 책을 위해 열정을 기울여 주신 치쿠마쇼보 여러분 그리고 후지와라 선생님께 감사를 전합니다. 제가 아무리 엉뚱하고 하잘것없는 질문을 해도, 소년 야구단의 후보 선수에게 공 잡는 법을 가르치듯 꼼꼼하고 명확하게 대답해 주신 선생님의 성의가 이 책의 문장 하나하나에 깃들어 있습니다.

마지막으로 한 가지 아쉬운 것은 하얀 칠판을 마주하고 숫자를 써 내려가는 선생님의 모습이 얼마나 매력적인지를 활자로 전하지 못한 점이네요.

오가와 요코

차례

들어가는 말_ 수학을 통해 뜻밖의 아름다움을 보다 + 오가와 요코 4

1 세상에서 가장 아름다운 수학

집중력과 연애의 상관관계 12
수학자에게 가장 필요한 미의식 17
하이쿠와 수학의 공통점 22
삼각형 내각의 합에 숨은 비밀 28
천재 수학자는 어디에서 태어날까 33
220과 284의 관계, 우애수 43
인도인의 대발견, 0 48
자신에게 되돌아오는 완전수 53
아름다운 정리와 추악한 정리 58
수많은 천재를 울린 페르마의 마지막 정리 67

2 혼돈 속에 숨은 뜻밖의 질서

연속되는 자연수의 합 구하기 78

숫자를 갖고 노는 실험 86

아라비아 숫자의 비밀 95

눈에 보이지 않는 숫자, 허수 101

불규칙한 소수의 출현 112

메르센 소수와 페르마 소수 120

성깔이 고약하고 악마적인 문제 131

신비로운 π 138

신의 수첩을 들여다볼 수 있다면 148

나오는 말_ 수학과 문학은 아름다움과 감동으로 통한다 + 후지와라 마사히코 154

옮긴이의 말_ 이토록 신비로운 수학과 예술의 세계 + 김난주 158

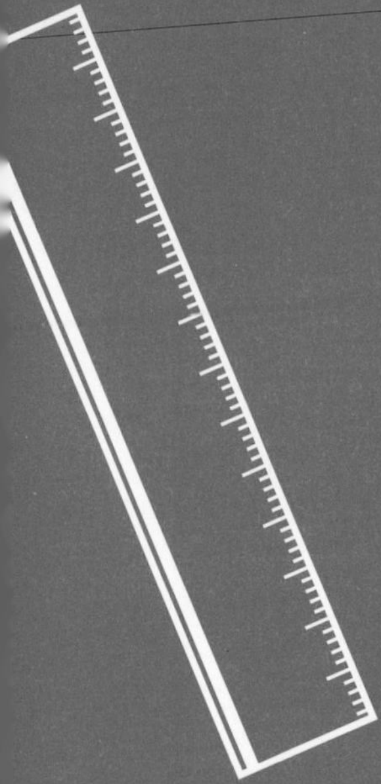

일러두기

· 인명이나 지명 등은 국립국어원 외래어표기법을 따랐습니다.
· 본문의 괄호 내용은 모두 옮긴이의 주입니다.
· 『세상에서 가장 아름다운 수학』(오가와 요코·후지와라 마사히코 지음, 김난주 옮김, 도서출판 이레, 2008)을 새로 펴내는 책입니다.

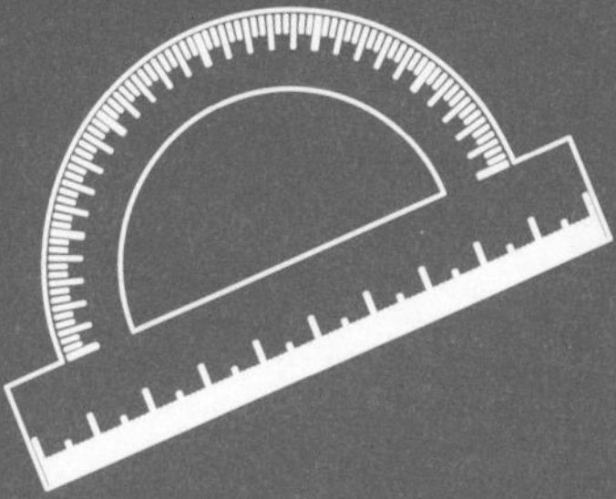

1장

세상에서 가장 아름다운 수학

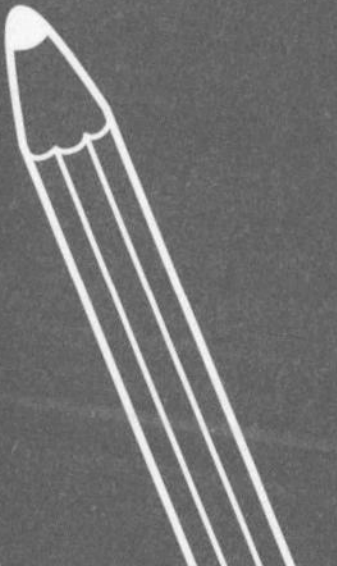

집중력과 연애의 상관관계

제가 『박사가 사랑한 수식』이라는 소설을 쓰게 된 가장 큰 계기는 후지와라 선생님과 만난 것이었어요. 선생님이 NHK 교육 텔레비전의 〈인간 강좌〉에서 '천재의 영광과 좌절'이라는 주제로 강의하시는 것을 우연히 보게 되었죠.

선생님은 전 세계 동서고금 수학자들의 인생에 대해 강의를 하셨는데, 그때 촬영 장소가 녹음이 울창하고 강이 흐르는, 풍경이 아름다운 곳이었어요. 자연의 아름다움과 수학의 아름다움이 절묘한 조화를 이룬 프로그램이 정말 매력적이었습니다.

아, 그랬나요. 원래는 그 프로그램을 스튜디오에서 진행할까 했어요. 그런데 아내가 "화면에 나오는 당신 얼굴을 삼십 분이나 보면 속이 울렁거릴 것 같다."라고 해서 말이죠. 배경으로 나뭇잎이 한들거리는 곳이 좋겠다기에 산속에서 진행한 겁니다.

아, 그러셨군요.

수학의 아름다움과 연결해 주시니 매우 고맙습니다.

그때, 아이작 뉴턴과 컴퓨터를 발명한 앨런 튜링 같은 수학자를 예로 드셨죠. 윌리엄 해밀턴, 소냐 코발렙스카야 등 처음 들어 보는 수학자의 이름도 많았는데, 그 사람들의 인생이 뭐라 말할 수 없이 매력적으로 느껴졌어요. 그들이 이룬 수학적 성과의 의미는 전혀 이해할 수 없었지만요.

수학 분야가 아니라도 마찬가지겠지만, 봉우리가 높으면 골짜기도 깊다고 합니다. 천재들은 보통 사람들보다 높은 영예의 봉우리에 오르기도 하지만, 한번 골짜기에 빠지면 보통 사람들의 몇 배나 깊은 나락으로 떨어지죠. 그러니 드라마틱한 인생이 될 수밖에 없어요.

가장 흥미로웠던 것은 수학자들의 수학에 대한 지독한 집념이나 지구력이 연애할 때는 큰 불행을 초래하는 점이었어요.

정말 그렇습니다. 윌리엄 해밀턴이라는 수학자는 열아홉 살 때, 캐서린이라는 소녀를 사랑하게 되었죠. 첫사랑이었는데, 정말 사랑했지만 끝내 실연을 당하고 말았습니다. 그런데도 해밀턴은 평생 동안 캐서린을 마음에 담고 살았고, 이십육 년이 지난 후에 그녀가 살았던 집을 찾아가기도 했죠.

그러나 해밀턴이 찾아간 그 집은 당시 어떤 사정이 있었는지 폐가가 된 상태였어요. 들어가 보니, 이십육 년 전에 그녀가 서 있었던 마룻바닥에 저녁 햇살이 비치고 있었죠. 해밀턴은 무릎을 꿇고 그 마룻바닥에 키스합니다. 이십육 년이나 지났는데, 이런 것을 변태라고 하나요? 하지만 수학자들에게는 흔히 있는 일입니다. 저 역시 보는 사람이 없으면 그랬을지도 몰라요.

저는 고등학교에 다닐 때까지 여자들에게 전혀 인기가 없었어요. 여자에 대한 동경도 오래도록 품고 있었죠. 연애를 선망하는 기간이 상당히 길었기 때문에 여자는 아름답고 신비한 존재라는 환상이 강했어요. 그러니 해밀턴의 심정이 충분히 이해가 갑니다. 제가 아는 어떤 사람이 그 방송을 보고는 "혹시 그 장면에서 눈물을 글썽이지 않으셨나요?" 하고 제게 묻더군요.

아뿔싸, 들켰구나 싶었습니다. 오 년이나 십 년 만에 잊어버린다면 수학은 풀리지 않아요. 천재가 순간적인 깨달음으로 문제를 푸는 경우는 아주 간단한 문제일 때뿐입니다.

아, 그렇군요.

몇 년이나 생각하고 또 생각했는데 그래도 결론이 나지 않아 실의에 잠기거나 열등감에 사로잡히는 것이 보통이죠. 아무 재능이 없는데 어쩌자고 이런 직업을 택했을까, 다 틀렸다, 하고 말이에요. 그런 기간이 오래 계속되다가 불쑥 신이 미소 짓는 순간이 찾아오죠. 결국은 집념으로 정복하는 것이나 다름없어요.

오 년에서 십 년 만에 포기하는 수학자는 아마 없을 겁니다. 그 문제에 대해 늘 생각하고 있는 건 말할 것도 없거니와, 내던지지도 달려들지도 못한 채로 계속 미련을 끌고 가는 것이죠. 그러니 수학자가 한번 사랑에 빠진 상대는 견디기가 쉽지 않죠.

스토커 같은 기질이 없으면 수학의 진리를 터득할 수 없다는 말씀이군요.

맞아요, 정말 그렇습니다. 수학 자체로는 세상에 아무

도움도 안 되는 것이 많거든요. 앉으나 서나 그런 것을 생각하고 있으니, 스토커가 따로 없죠. 그것 참 재미있는 표현이군요. 난 오늘부터 스토커가 되어야겠습니다.

저녁 햇살이 비치는 폐가에서 해밀턴이 무릎을 꿇고 마룻바닥에 키스했다는 선생님의 이야기만 들어도 작가로서 창작열이 불타오르네요. 아마도 선생님의 감수성이 그런 언어를 빚어내는 것 같아요.

그 말은 칭찬인 거죠?

컴퓨터의 기초를 마련한 앨런 튜링이라는 사람의 인생도 상당히 불행했잖아요. 그가 학창 시절에 사랑했던 선배가 병으로 일찍 죽었다고 해요. 선배가 서 있던 자리의 흙까지 사랑했다던 앨런 튜링의 말이 마음속에 애틋하게 남아 있어요.

그렇군요. 사랑도 일종의 집중력이죠.

사람을 너무 사랑하면 흙이며 마룻바닥까지 모두 사랑하게 되나 봐요.

당연하죠. 그 사람이 살았던 고장의 역에 발을 내딛는 순간부터 가슴이 뛰는 흥분 상태에 빠지기도 하죠. 그렇게 지속적으로 한 가지에 집중하는 것은 수학을 생각하는 것과 같은 차원입니다.

수학자에게 가장 필요한 미의식

수학에 집중할 수 있다는 것은 결국 수학이 그만큼 매력적이라는 뜻이겠죠. 어떻게 보면 수학의 매력이 악마적이기 때문에 한번 빠지면 헤어나기가 어려운 게 아닐까요.

그렇습니다. 순수 수학이 인류에게 어떤 도움을 줄 수 있을지를 고민한 수학자는 아마 역사상 한 명도 없을 겁니다. 나 역시 인류의 행복 따위는 생각해 본 적이 없어요. 행복이니 복지니 하는 것들 말이죠. 수학이란 그저 압도적으로 아름다울 뿐이에요. 그 아름다움에 매료되어 지쳐 쓰러지는 한이 있어도 좋으니 계속하는 면

이 있습니다.

지금 수학이 아름답다고 말씀하셨는데, 저 역시 선생님의 『천재 수학자들의 영광과 좌절』을 읽고 상당한 흥미를 느꼈어요. 그래서 수학에 관한 다른 책도 여럿 읽게 되었는데, 수학자들이 '아름다움'에 관해 많은 말을 했더군요. 그전까지는 수학이란 무기질적이고 감정이 없다고 생각했어요. 냉철한 사람이 논리적으로 펼쳐 나가는 학문이라고 말이에요. 그런데 선생님은 수학자에게 가장 필요한 것은 미의식이라고 쓰셨더라고요.

맞습니다. 예를 들어 공학은 비행기를 더 빠르게 날 수 있도록 도움을 주죠. 비행기가 빠르게 나는 것은 인류에게 도움이 되고 유용해요. 하지만 수학은 원래가 무익한 것입니다. 제가 하는 일이 앞으로 대략 오백 년쯤 지나면 인류에게 도움이 될지도 모르겠지만, 지금 현재는 아무 도움도 안 됩니다. 그렇다면 무엇으로 가치 판단을 할 것이냐, 바로 아름다움입니다. 따라서 미적 감수성을 키우는 것이 상당히 중요하죠.

그 때문에 오히려 수학이 예술과 가까운 분야라고 생각하게 되었어요. 소설도 현실에 큰 도움은 되지 않으니까요. 지금 저의 소설이 당장 사라져 버린들 곤란할 사람은 거의 없거든요. 그렇다면 왜 소설을 쓰는가? 아마도 눈에 보이지 않는 무엇을 얻기 위함이 아닐까 하고 생각해요.

하지만 사람들은 소설이나 시를 읽으면서 감격하잖아요. 그러니까 인류에게 도움을 주고 있는 겁니다. 안타깝게도.

아, 그런가요? 안타까운 일이군요.

인간이란 감동하고 싶어 하는 동물이기 때문이죠. 눈물은 흘리기 위해 있는 것이고, 그래서 감격하고 싶은 겁니다. 일부러 돈을 내면서까지 비극을 보러 간다는 건 상당히 비합리적인 일이죠. 하지만 눈물을 쥐어짜는 영화를 굳이 돈을 내면서까지 보는 일도 종종 있습니다. 슬픔이 가득한 소설을 읽는 것도 그렇고요.

마찬가지로 사람의 두 다리는 걷고 싶어 하죠. 하루에 잠깐이라도 걷지 않으면 욕구 불만을 느낍니다. 손은 물건을 집거나 사람을 때리곤 하죠. 어린아이들은 자연스럽게 타인을 툭툭 치고 때립니다. 어른이 되면서 자제하게 되지만요. 이처럼 인간의 뇌는 생각하고, 다리는 걷고, 손은 잡고 때리고 싶어 해요. 감격하고 싶은 것 역시 인간의 욕구 중 하나입니다. 그 욕구를 채워 주는 노래와 시, 음악, 문학 등의 예술은 실용적인 가치는 없어도 인류에게 큰 도움을 주고 있죠.

그렇다면 수학자는 실용적으로 곧장 도움이 되는 것을 오히려…….

수치스러워하죠. 도움이 되면 격이 떨어지니까요. 케임브리지대학교에는 2000년대 들어서야 공학부가 생겼어요. 금방 써먹을 수 있는 것은 학문으로 간주하지 않았기 때문입니다.

아, 학문의 정의가 그렇죠.

그래요. 실용적으로 큰 도움이 되지 않죠. 그래서 수학이나 철학, 문학이 가장 위대하기도 하지만요.

무슨 말씀인지 알 것 같아요.

하지만 수학은 당장은 아무런 도움이 되지 않아도, 세월이 흐르면 큰 도움이 될 수도 있는 아주 깊이 있는 학문입니다. 그래서 그 가치가 아주 높죠. 감동하고 감격하고 싶어 하는 인간의 욕구를 충족시킬 수 있는 것은 아름다운 자연을 제외하면 수학이나 문학을 비롯한 문화와 예술 외에는 별로 없거든요.

인간이 왜 눈물을 흘리는지, 의학적으로는 아직 설명할 수 없으니까요. 선생님은 부모님이 모두 문학을 하고 계신데, 수학자가 되기 위한 소양으로 아름다움에 대한 특별한 체험이나 수학에 도움이 될 만한 풍부한 예술적 경험이 있으셨나요?

글쎄요. 일요일 아침에 가족끼리 이야기를 나누다 보면, 마당 모퉁이에 핀 달개비에 맺힌 이슬이 보이곤 했어요. 아버지는 그 반짝이는 물방울을 보면서, 저 물방울이 일곱 가지 색으로 빛나는 까닭은 물방울에 닿은 빛이 굴절과 반사를 반복하기 때문이라고 설명해 주셨죠. 그러고는 물방울이라는 단어로 운을 넣어 즉흥시를 짓자고 하셨어요.

우아, 멋지네요.

덕분에 과학과 정서를 한꺼번에 배웠습니다. 뭐 그래봐야 난 하이쿠(5·7·5조 3구의 일본 특유의 짧은 시)에 재주가 없지만요. 아버지는 거의 일 분에 한 수씩 끝도 없이 지으시더군요.

아버님은 닛타 지로(소설 『아름다운 동행』의 작가) 씨, 어머님은 후지와라 데이(에세이 『흐르는 별은 살아 있다』의 작가) 씨죠?

그렇습니다. 저도 하이쿠를 열심히 짓기는 했는데 영 형편없었어요. 그런데 어머니는 그 자리에서는 절대 짓지 않았어요. 우리가 지어 놓은 시를 비판하기만 하셨죠.

하이쿠와 수학의 공통점

지금 우연히 하이쿠 이야기가 나왔는데, 복잡한 수학적 현상을 한 줄짜리 수식으로 반듯하게 압축하는 아름다움과 대자연을 5·7·5조의 절제된 언어로 표현하는 하이쿠가 서로 통하는 면이 있지 않을까 싶네요.

그렇습니다. 수학의 아름다움에 대해서는 여러 가지 정의가 있는데, 그중 하나가 온갖 기기묘묘한 것과 복잡하고 다양한 것을 수식 하나로 통제하는 호쾌함의 아름다움이죠. 핵심과 본질을 꿰뚫는다는 점에서 하이쿠와 비슷하다고 볼 수 있겠군요.

우리의 고유한 것이죠.

사람들이 잘 모를 테지만, 일본의 이과에서 가장 수준 높은 분야가 수학입니다. 세계적인 기준으로 볼 때 예술 분야에서 가장 수준 높은 것은 문학이고, 학문 분야에서는 수학이에요.

수학은 물리나 화학, 생물 분야보다 월등하게 앞서 있습니다. 에도 시대(1603년에서 1867년까지 도쿠가와 이에야스가 권력을 장악한 시기) 때부터 그랬죠. 쇄국 정책을 쓰는 가운데서도 세키 다카카즈와 그 제자인 다케베 가타히로 같은 천재를 배출했으니까요. 다이쇼 시대(1912년에서 1926년까지 다이쇼 천황의 통치를 일컫는 시기) 중기에는 다카기 데이지라는 천재가 유체론(類體論, 정수의 성질을 연구하는 학문)을 수립해서 세계적인 수준에 올랐습니다.

일본인이 수학에 재능을 보이는 것은 바로 미적 감각 때문이에요. 삼십여 년 전에 돌아가신 천재 수학자 오카 기요시 선생님은 일본인의 미적 감각은 하이쿠 덕분이라고 했습니다. 대자연의 아름다움을 불과 열일곱 음절로 적확하게 표현하죠. 어렸을 때부터 그 하이쿠의 5·7·5조 리듬감에 익숙하기 때문에 열일곱 글자로 주위 전체, 지구 전체, 우주 전체를 상상하고 표현할 수 있습니다.

‘거친 바다와 사도(佐渡, 일본 니가타현에 위치한 섬)를 가로지른 하늘 은하수’라는 하이쿠를 예로 들어 보죠. 눈앞에서 출렁거리는 파도를 바라보며 그 너머에 있는 사도를 보고, 그리고 하늘 은하수라고 하면서 상상력을 우주까지 확대하는 훈련을 어린 시절부터 하는 셈입니다. 오카 기요시 선생님은 이런 상상력이 수학의 창조적 독창성과 같다고 했습니다.

그런데 노벨상에는 왜 수학상이 없는 걸까요?

그 이유에 대해서는 몇 가지 설이 있어요. 노벨은 다이너마이트를 발명한 과학자잖아요. 그는 아까도 잠시 이야기가 나왔던 소냐 코발렙스카야라는 수학자를 사랑했습니다.

상대가 수학자인 만큼 무슨 사연이 있을 듯하군요.

그래요. 소냐는 한번 보면 누구나 넋을 잃을 만큼 매력적인 여성이었죠. 왜, 그런 사람들이 있잖아요. 강렬하게 이성을 사로잡는 사람들이.

게다가 재능까지 탁월하고요.

그런데 미타그 레플레르라는 수학자 역시 소냐를 사랑하고 있었어요. 연적이었던 것이죠. 당시 노벨상에 수학 부문을 끼워 넣으면 미타그 레플레르가 탈 상황이었

소냐 코발렙스카야
미타그 레플레르
분해 죽겠군.
노벨상을 줄 수는 없지.
알프레드 노벨

어요. 노벨이 그 점을 못마땅하게 여겨서 수학상을 만들지 않았다는 이야기가 있습니다.

 노벨도 마음이 넓지는 못했군요.

 좀 난봉꾼이었던 모양이에요. 난 미타그 레플레르 편입니다.

 수학자의 입장에서 보면 노벨은 자신의 발명으로 큰돈을 벌어들인 사람이니까, 이런 상황을 더욱 용납하기 어렵겠죠.

 노벨상에 수학 부문이 있었다면 일본인도 여러 차례 수상했을 텐데, 아쉽습니다.

 우리처럼 초등학교 때 배운 구구단을 평생 잊지 않는 민족은 많지 않다던데요.

 그렇습니다. 일본 사람들은 나라 시대(일본 역사상 나라에 수도가 있었던 시대로 710년부터 794년까지 84년간에 이르는 시기)부터 구구단을 외웠어요. 그 당시에는 지금과는 반대로 9단부터 암기했다고 합니다. 높은 숫자에서 낮은 숫자로 내려간 것이죠. 당시는 엘리트들이 '대학료'라는 학습 기관에서 수학을 연구했어요. 그러다가 에도 시대가 되자 조세를 징수하고 납부하는 데 구구단이 필요하다고 해서 일본의 모든 글방에서 노래를 읊조리듯 구

구단을 외우도록 했습니다. 그 영향이 메이지 유신 이후에 나타났던 겁니다.

우리는 우리 자신이 그런 훌륭한 수학적 자질이 있다는 것을 잘 모르는 것 같아요.

맞아요. 세계대전 직전에 강력한 군사력으로 지나치게 오만해졌다가, 전쟁이 끝난 후에는 일본의 옛것은 모두 버려야 한다는 생각이 팽배해진 탓이죠. 지금 일흔이 넘은 일본 사람들은 모두 그런 교육을 받았습니다.

삼각형 내각의 합에 숨은 비밀

수학이 아름답다는 것을 말로 설명하기는 어렵지만, 삼각형 내각의 합이 180도라는 사실 자체는 정말 아름답다고 생각해요. '삼각형 내각의 합은 180도'라는 한 줄의 언어가 지닌 영원한 진리는 그 무엇도 범할 수가 없죠. 그 어떤 소설이나 시도 영원한 진리의 아름다움을 단 한 줄로 표현하지는 못하잖아요.

그렇습니다. 학교에서 교사들이 어떤 식으로 설명하는지는 모르겠지만, 삼각형 내각의 합이 180도라는 것은 말이죠, 납작한 삼각형을 그리든 뾰족한 삼각형을 그리든, 아니면 현미경으로 봐야 겨우 보일 정도로 작게 그리든, 운동장 한가득 커다랗게 그리든 언제나 변함없습니다. 절대 179도나 181도가 되는 법이 없어요. 게다가 백만 년 전이나 지금이나 백만 년 후나 똑같습니다. 지구가 폭발해서 없어진다 해도 절대 달라지지 않죠. 이 세상에 이런 진리는 달리 없습니다. 어떤 진리든 시대의 한시적인 산물에 지나지 않아요. 따라서 수학의 세계에 존재하는 영원한 진리가 아름다울 수 있는 거예요. 누가 뭐라고 해도 삼각형 내각의 합은 180도에서 벗어날 수 없습니다.

정말 그래요.

학교에서 선생님이 그렇게 가르치면 아이들도 정말 아름다운 정리라는 것을 알 수 있을 텐데, 시험을 위해 무조건 외우라고 하니 다들 수학을 싫어할 수밖에요.

영원한 진리라는 바로 그 점이 극적이에요. 에베레스트 꼭대기에 있든, 믈라카 해협 밑바닥에 있든, 우주 끝에 있든 180도라는 사실은 변하지 않잖아요.

그렇습니다.

작가들이 평소에 사용하는 언어가 얼마나 어중간한지 알 것 같네요. 사람들은 신 앞에서 영원한 사랑을 맹세해 놓고도 종종 헤어지거나 이혼도 하죠. 진정한 영원이란 수학에 있는 것이더군요.

그래요, 다른 분야에는 절대 존재하지 않습니다. 물리나 화학 역시 학설이니까요. 늘 변하죠. 뉴턴의 역학도 아직 통용되는 부분이 있지만, 원자핵이나 소립자 차원으로 들어가면 통용되지 않잖아요. 그래서 양자역학이 대두된 것이고요. 모든 것이 '근사적으로' 그렇다는 것일 뿐이에요. '영겁'이란 수학의 세계에만 존재합니다.

그래서 수학은 늘 발전만 하는 것이군요. 후퇴하는 법이 없잖아요.

부정되는 법도, 수정되는 법도 없죠.

한번 옳다고 증명되고 나면 말이죠.

엄밀한 증명이 뒷받침하고 있으니까요. 그래서 처음 발견한 사람이 가장 위대한 겁니다. 삼각형은 이 세상 어디를 가나 있잖아요. 그 세 각을 전부 더한다는 생각을, 왜 그런 어처구니없는 생각을 했을까요. 게다가 180도는 360도의 절반이죠.

정말 그래요. 애당초 왜 그런 생각을 하게 되었을까요?

그런 상상력이 굉장하다는 겁니다. 수학을 하기 위해서는 상상력이 절대적으로 필요해요. 프랑스의 시인 폴 베를렌은 이런 말까지 했죠. "나는 수학자가 될 수 있을 만큼 상상력이 풍부하지 않았기 때문에 시인이 되었다."라고요.

오호호, 그럴듯하네요. 그런데 처음 발견한 사람이 삼각형의 각을 실제로 재지는 않았을 것 같아요.

네, 아마 그렇지 않을까, 하고 짐작만 했죠.

피타고라스였나요?

그보다 이전 사람 아닐까요? 혹은 세계 도처에서 발견했을지도 모르죠.

하지만 180도라고 미리 생각하고 노트에 삼각형을 그려서 재 보면 실제로는 180도가 나오지 않죠. 선을 그으면 연필심에도 넓이가 있고 점에도 반드시 넓이가 있으니까요. 사실 순수한 삼각형은 머릿속에만 있는 것이겠죠.

그렇습니다. 순수한 직선도 그렇죠. 원도 마찬가지입니다. 완벽한 원은 어디에도 없어요.

눈에는 보이지 않는 거군요. 그래서 상상력이 필요하고요. 손으로 만지거나 잴 수 없는 것을 머릿속으로 상상하죠.

맞아요. 그런데 삼각형 내각의 합이 180도라는 것을 비롯해서 수학에는 아름다운 성질이 무한할 정도로 많습니다. 세상에 이렇게 아름답게 구성되어 있는지 그저 신비로울 따름이죠. 궁여지책으로 신을 운운하는 것이겠지만, 정말 어째서 그런지 인간은 알지 못합니다.

그렇다면 수학은 인간이 생각해 낸 것이 아니라는 말씀인가요?

수학이란 것이 실제로 존재하는가, 아니면 인간이 머리로 생각해 낸 것인가, 그 점에 대해서는 의견이 분분합니다. 하지만 수학자들은 모두 실제로 존재한다고 확신하고 있어요. 결국 수학자의 머릿속에서 나온 것이 아니라는 뜻이죠.

그렇다면 이미 있는 것, 숨겨진 것을 발견한다는 말씀이군요.

그래요. 만약 우리와 전혀 다른 뇌 구조를 지니고 수준도 높은 외계인이 사는 천체가 있다면, 그곳 수학자들 역시 삼각형 내각의 합은 180도라는 사실을 발견했을 겁니다. 하지만 수학이 인간이 만든 것이라면, 그곳에서는 수학과 전혀 다른 것을 만들어 냈을 테죠.

천재 수학자는 어디에서 태어날까

수학자들의 전기를 읽다가 느낀 건데요, 그들은 특유의 겸손함을 지니고 있더군요. 아무것도 없는 곳에서 뭔가를 만들어 낸 것이 아니라, 이미 있는데 아무도 깨닫지 못한 것을 살짝 끄집어냈을 뿐이라는 식으로요. 윌리엄 해밀턴과 앨런 튜링은 땅에 키스하기 위해 무릎을 꿇었는데, 천재 수학자들은 모두 그렇게 무릎을 꿇을 수 있는 마음을 갖고 있었어요.

학회가 있어서 유럽에 가면, 그 길에 천재 수학자가 태어난 고장을 찾아가 보곤 합니다. 그런데 아시아든 유럽이든 천재가 태어나는 곳은 늘 정해져 있어요. 인구에 비례해서 세계 어디서나 태어나는 것은 아닌 모양입니다. 그렇다면 어떤 곳에서 천재가 태어날까요? 저는 세 가지 조건을 꼽습니다. 첫 번째는 신이든 자연이든 상관없으니까 사람들이 뭔가에 한결같은 마음을 지니는 장소입니다. 천재를 많이 배출한 영국인들은 신은 믿지 않아도 전통에는 무릎을 꿇죠.

아아, 정말 그렇네요.

일본 사람들은 신이나 자연에 무릎을 꿇습니다. 역시 천재가 많이 배출된 인도에서는 사람들이 힌두신을 숭배하죠. 두 번째 조건은 아름다움입니다. 아름다움이 존재하지 않으면 수학의 천재는 절대 나오지 않아요. 어렸을 때부터 아름다운 것을 많이 봐야지, 그렇지 않으면 불가능합니다. 아이큐가 아무리 높아야 별 상관이 없어요. 그리고 세 번째 조건은 정신을 존중하는 것입니다. 돈을 존중하는 물욕이 아니라, 실생활에는 별 도움이 되지 않는 정신적인 것을 존중하죠. 예를 들어 문학을 존중하고 신심(信心)을 지니는 장소입니다.

이 세 가지 조건을 충족한 곳이 아니면 천재는 태어나지 않습니다. 인도의 최남단에 있는 타밀나두주에서 특히 천재가 많이 나왔어요.

아, 스리니바사 라마누잔이라는 천재가 태어난 곳이군요. 그는 힌두교 사회에서 높은 계급에 속했지만, 상당히 쪼들리는 생활을 했다고 하던데요. 공부도 길바닥에 앉아 석판을 껴안고 했다고 하고요. 선생님도 그곳에 가 보셨나요?

네, 라마누잔이 살았던 인도에 다녀왔죠. 마드라스와 캘커타, 봄베이 등도 돌아보았지만, 전혀 아름답지 않았어요. 공항에서 타밀나두주의 주도인 마드라스까지 가는 동안 가난에 찌든 세계만 펼쳐졌을 뿐이죠. 라마누잔은 역사적으로도 드문, 천재 중의 천재였습니다. 고등학교밖에 졸업하지 않았는데 굉장한 발견을 했죠. 그런데 그렇게 아름다운 정리를 수없이 발견한 사람이 태어나고 자란 곳이 이 지경이라니, 전혀 믿기지 않았습니다. 풍경은 물론 사원도 전혀 아름답지 않았으니까요. 돌아가서 라마누잔에 대해 뭐라고 써야 하나 싶었죠. 그래서 다시 한 번 가 봤습니다. 차를 빌려서 그가 태어난 타밀나두주 최남단까지 불결한 환경을 견디면서 찾아갔어요.

그랬더니 남쪽 끝에 무척이나 아름다운 사원이 줄줄이 있더군요. 11세기에서 13세기는 촐라 왕조(9~13세기 중

스리니바사 라마누잔

엽까지 남인도에 군림한 타밀족의 왕조)의 절정기였는데, 당시 왕이 엄청난 부호여서 아름다운 사원을 많이 지었다고 합니다. 오늘날까지 남아 있는 그 아름다운 사원 속에서 라마누잔은 자라고 공부했던 거예요. 겨우 의혹이 풀렸답니다.

선생님의 설이 옳다는 것이 증명된 셈이군요.

그렇죠. 예외 없이 들어맞는다는 뜻이죠. 수학의 천재 라마누잔뿐만 아니라 20세기를 대표하는 천체 물리학자 수브라마니안 찬드라세카르, 노벨 물리학상 수상자 찬드라세카라 벵카타 라만 역시 그곳에서 반경 10킬로미터 이내에서 태어났습니다. 무엇보다 타밀나두주는 힌두교의 가르침이 절대적인 곳이죠.

그러니까 무릎을 꿇을 줄 아는 마음 역시 지니고 있었다는 말씀이네요.

더욱이 그곳은 카스트 계급 중에 가장 정신성이 높은 브라만의 인구 밀도가 전 인도에서 가장 높은 지역이기도 합니다. 라마누잔의 집안 역시 브라만이었지만, 계급은 빈부와는 무관하기 때문에 어머니가 이웃에게 쌀을 꾸러 다닐 만큼 생활은 궁핍했죠. 석판으로 공부한 것은 종이를 살 돈이 없었기 때문이었어요.

석판이 더러워지면 팔꿈치로 닦으면서 공부했더군요.

가난해서 끼니조차 잇지 못하는 집안에서, 라마누잔이 한창 젊은 나이인 열여덟 살에서 스물두 살까지 일은 하지 않고 수학 공부만 하는데도 그의 부모는 이해해 주었다고 합니다. 웬만한 집 같으면 '밥벌레'라고 핀잔을 주었을 텐데 말이에요. 잘은 모르시만 정신을 지키는 중요한 일을 하는 모양이라 여기며 지켜본 것이겠죠.

라마누잔은 그 많은 정리를 꿈을 꾸는 동안 발견했다면서요? 그것을 증명해야 할 필연성조차 느끼지 못한 채 자연스럽게 진리를 발견했기 때문에 더욱 위대하고요.

그렇습니다. 고등학교밖에 졸업하지 못했는데, 잇따라 발견을 하니까 인도에서는 뛰어난 천재가 나왔다고 했죠. 하지만 식민지 인도의 외딴 시골에서 천재가 나왔다고 해 봐야 세계에 통할지는 의문이었어요. 그래서 종주국 영국의 몇몇 대학교수에게 라마누잔이 발견한 공식을 보냈는데, 그대로 돌아오거나 버려졌습니다. 20세기 초엽은 영국이 모든 식민지에서 우민화 정책을 추진한 시기였으니, 교육도 제대로 받지 못한 인도 사람이 보낸 편지 따위는 아무도 거들떠보지 않았죠.

그런데 케임브리지대학교의 고드프리 해럴드 하디 교

수가 그 편지를 보고는 라마누잔을 영국으로 불러들였습니다. 하디 교수는 그 분야의 전문가였기 때문에 라마누잔의 발견이 얼마나 대단한지 알아봤죠. 라마누잔은 매일 아침 새로운 정리를 여섯 개씩 하디 교수에게 들고 갔다고 합니다. 저는 일 년 걸려야 고작 한두 개, 그것도 별 볼 일 없는 정리를 내놓는데, 라마누잔은 매일 아침, 그것도 정말 멋진 정리를 여섯 개씩이나 말이죠.

라마누잔은 모든 것이 나마기리 여신의 계시라고 했죠. 자신이 발견한 것이라고 자랑하지 않고 말이에요.

그랬죠. 친구들에게 이렇게 말했답니다. "자네, 내가 이렇게 말해 봐야 믿지 않을 테지만, 꿈속에서 나마기리 여신이 내게 가르쳐 준 거야. 나는 아침에 일어나서 들은 것을 그대로 적었을 뿐이지."라고요. 영국의 수학자는 물론 누구도 그 말을 믿지 않았지만요.

그는 하디 교수와 함께 스스로 발견한 공식을 증명하기도 했다면서요?

그렇습니다. 라마누잔 자신은 증명을 못하니까.

증명하지 못한다는 것도 정말 이상해요. 그런데도 그걸 어떻게 발견하고 알아냈을까요?

증명이 필요하다는 것조차 인식하지 못했던 것이죠.

그냥 머리에서 새로운 정리가 끝없이 솟아났다고 할 수 밖에 없어요. 정말 마음에 안 드는 사람입니다. 하디 교수도 천재까지는 아니지만 대단한 수재였어요. 그는 라마누잔의 발견을 엄밀한 증명으로 뒷받침해 나갔죠.

선생님 책에 정말 재미있는 표현이 있더군요. '라마누잔이 어느 집의 어느 나무 아래에 금괴가 묻혀 있을 것이라고 해서 파 보니까 정말 금괴가 나왔는데, 정작 그 자신은 어떻게 알았는지 몰랐다.'라고 말이에요.

전 세계의 수학자들 가운데에는 머리가 좋은 사람이 매우 많습니다. 문제를 보는 순간 풀어 버리는 사람들 말이에요. 문제를 다 읽었을 때는 이미 답이 나와 있어요. 그런 일은 흔히 있으니까, 봐도 놀랍지 않습니다. 머리 회전이 상당히 빠를 뿐이니까요. 하지만 여기를 파 보면 금괴가 잔뜩 나올 것이라고 말하는 건 당할 재간이 없죠. 아주 마음에 안 들어요.

영국에 건너가 자신의 업적을 인정받았는데도 라마누잔의 인생은 불행했더군요. 어린 아내를 인도에 두고 혼자 영국에 갔죠?

라마누잔의 기분은 이해가 갑니다. 젊은 시절에 영국에 간 것은 승부를 걸기 위해서였어요. 더구나 인도 전

체가 라마누잔에게 큰 기대를 걸고 있었고, 그 역시 자신감에 차 있었습니다. 하지만 마음속에는 영국에 가면 자기보다 훨씬 탁월한 수학자들이 많을 텐데 완패를 당하는 것은 아닐까 하는 불안감이 있었고, 그러니 더욱 온 마음과 온 힘을 다해 싸워야 한다고 긴장했죠. 그런 상황에서 아내를 데리고 가면 승부에 몰입할 수 없다고 생각했던 거예요. 그런데 그것이 패인이 되고 말았죠. 장기전이 되면서 고독이 병을 불렀고, 또 종교적으로 육식을 할 수 없는 터라 채소밖에 먹지 못해서 영양 상태도 나빴어요.

영국의 대표적인 음식에 '피시앤칩스'라는 것이 있잖아요. 대구 등의 흰살생선으로 만든 생선 튀김과 감자 튀김을 함께 먹는, 거리에서 신문지에 둘둘 말아 파는 기름기 많은 음식이죠. 당시에는 식용유가 아닌 돼지기름을 사용했기 때문에, 엄격한 채식주의자였던 라마누잔은 먹을 수가 없습니다. 또 원칙적으로 브라만이 아닌 자가 만든 음식은 부정하다고 해서 먹지 않으니까, 외식조차 마음대로 할 수 없는 상황이었죠.

그 법도를 고집스럽게 지키는 바람에 식사가 정말 빈약했다고 하던데요. 그래서 결국 결핵을 앓게 되고 세상

을 떠난 것인가요?

죽음의 정확한 원인은 알 수 없어요. 비타민 결핍이었다고 하는 사람도 있고, 간염이었다고 하는 사람도 있습니다.

선생님의 글에서 라마누잔에 대한 부분을 읽으면서, 저라도 케임브리지에 가서 채소 카레를 만들어 주고 싶은 기분이 들었어요. 엄마 같은 마음으로 말이죠. 아, 그래 봐야 전 브라만이 아니니까 안 되겠군요. 선생님 말씀만 들어도 수학자는 모두 매력적이에요. 그 매력이 좀 무책임한 매력이라고 하면 실례가 되겠지만 소설가의 본능을 자극하는 사람들인 건 틀림없어요.

220과 284의 관계, 우애수

선생님의 책 『박사가 사랑한 수식』을 읽으면서, 수학자로서 감지하지 못한 것이 많이 나와 깜짝깜짝 놀라곤 했습니다. 예를 들어 $\sqrt{-1}$ 같은 것 말이죠. 제곱해서 -1이 되는 수는 있을 수 없지요. 하지만 수학자의 머릿속에는 발에 걸리는 돌멩이만큼이나 아주 평범하게 존재합니다. 그런데 오가와 선생님은 그것을 '아주 조심성이 많은 숫자라서 말이야, 눈에 띄는 곳에는 모습을 드러내지 않지만 우리 마음속에는 분명히 있어. 그리고 그 조그만 두 손으로 이 세계를 떠받들고 있지.' 이렇게 표현했어요. 과연 그렇구나 싶더군요.

자신이 없었어요. $\sqrt{-1}$이니까 큰 숫자는 아닐 것 같아서 '조그만 두 손'이라고 했을 뿐이거든요.

'우애수'에 대해서 두 수가 서로를 껴안고 있다고 표현한 부분도 그렇습니다. 그런 생각은 전혀 못했어요. 인어 표현이 정말 낭만적이더군요. 처음 봤을 때는 그런 생각이 들었을지 몰라도, 늘 사용하다 보면 느낌이 흐려지는 법이잖아요. 역시 작가의 감각은 대단하구나 싶었습니다.

우애수는 정말 멋진 수예요. 그런 수를 우애수라고 명명한 것 또한 수학자가 시인이라는 증거가 되겠죠.

그럴지도 모르겠군요.

『박사가 사랑한 수식』을 쓸 때 가장 먼저 머리에 떠오른 것이 우애수 장면이었어요. 우애수는 제게 정말 큰 영감을 주었죠. 220과 284라는 두 숫자가 특별한 관계에 있고, 그 관계를 수학자들은 우애수라고 표현하는데, 우애란 단어를 보는 순간 박사와 가사 도우미와 소년의 관계는 바로 이거구나, 하는 생각이 들었어요. 그래서 220은 2월 20일 가사 도우미인 '나'의 생일로, 284는 좀 망설였지만, 자신이 쓴 우수한 논문으로 대학에서 학장상의 부상으로 받은 시계 뒷면에 새겨져 있는 숫자로 해야겠다고 생각했죠. 두 사람이 해 질 무렵 부엌에서 소소하게 이야기 나누는 장면이었는데, 박사가 가사 도우미의 생일이 2월 20일이라는 것을 알게 되어요. 그래서 박사가 설거지하던 가사 도우미를 앉혀 놓고 식탁 위에 있던 광고지 뒷면에 연필로 숫자를 쓰면서, '자네의 생일과 내 손목시계 뒤에 새겨진 숫자가 이러이러한 관계이기 때문에 우애수다.'라고 설명하는 장면이 눈앞에 아른거렸어요. 저녁 햇살이 비치고, 싱크대에서는 물이 떨어지고, 식탁에 난 생채기, 연필을 쥔 박사의 손, 그 모든 것이 순간적으로 떠올랐죠.

이야! 이거 작가의 상상력은 수학자를 능가하는군요.

선생님, 220과 284가 우애수라는 것을 다시 한 번 설명해 주세요.

요컨대 220에서 자기 자신을 제외한 약수는 1, 2, 4, 5, 10, 11, 20, 22, 44, 55, 110이니까 이 수들을 전부 더하면 284가 됩니다. 한편 284도 자기 자신을 제외한 약수 1, 2, 4, 71, 142를 모두 더하면 220이 되죠.

220: 1 + 2 + 4 + 5 + 10 + 11 + 20 + 22 + 44 + 55 + 110 = 284

284: 1 + 2 + 4 + 71 + 142 = 220

이렇습니다. 그런데 이런 관계의 수가 그렇게 많지 않아요.

페르마가 한 쌍, 데카르트가 한 쌍, 파가니니(바이올리니스트 파가니니와는 다른 인물로, 1866년 당시 열여섯의 나이에 가장 작은 우애수를 발견했다)가 한 쌍, 그리고 오일러가 혼자서 예순두 쌍을 발견했죠. 220과 284는 우애수 가운데 숫자가 가장 작은 쌍인가요?

아마 그럴 거예요. 그런 수가 몇 개나 있는지는 전혀 알 수 없으니까요.

끝이 있는지 없는지 증명되지 않았다는 뜻인가요?

그렇습니다. 우애수와 완전수는 무한히 있는 것인지, 어떻게 하면 그것을 증명할 수 있는지, 아직 실마리조차 찾지 못했습니다.

아아, 그렇군요. 우애수가 서로 특별한 관계에 있다는 것은 이해하겠어요. 그런데 사교수라는 것도 있죠? 세 숫자의 관계가 그렇던데요.

아, 그런 숫자가 있나요?

선생님, 농담하지 마시고요.

정말 몰랐습니다.

네, 정말이요?

세 수라면 A의 약수의 합이 B이고, B의 약수의 합이 C이고, C의 약수의 합이 다시 A가 된다, 그런 건가요? 그렇다면 숫자가 넷이면 뭐라고 해야 하나요?

넷이어도 사교수라고 해요. 셋 이상으로 구성되어 있으니까요.

그렇군요. 어렵겠는데요.

저로서는 수학자가 발견한 우애수가 소설의 한 장면과 어우러지는 상당히 흥미로운 경험이었어요.

인도인의 대발견, 0

 『박사가 사랑한 수식』에서 0에 관한 묘사도 아주 인상적이었습니다.

 0의 역할은 세 가지 정도 있더군요. 자릿수를 나타내고, 자로 잴 때는 출발점이 되고, 아무것도 없다는 뜻이기도 하고요. 새삼스럽게 0의 역할을 알았을 때, 박사가 가사 도우미에게 이렇게 설명하는 장면이 있죠. '저 나뭇가지에 새가 앉아 있다고 생각해 보라. 그리고 이번에는 그 새가 날아갔다고 생각하라. 그것이 1-1=0이다.'라고 말이죠. 저는 0을 그렇게 상상했어요.

 0을 처음 발견한 것은 인도인이었습니다. 유럽에서는

불가능한 일이죠. 아무것도 없다, 즉 무(無)와 공(空)을 나타내는 개념이니까요. 동양적인 사고입니다. 역사적으로 양의 수 즉 1, 2, 3, 4……가 처음 있었죠. 그리고 음의 수가 발견됩니다. 빚은 마이너스니까 0이 끝에 오죠. 다 갚으면 0이 되니까요. 그리스 시대에 피타고라스 같은 사람 덕분에 수학이 상당히 발전했지만, 그도 0을 만들지는 않았어요. 0이라는 개념은 역시 동양 철학의 깊이에서 나왔다고 봐야죠. 인도인들은 그 점을 아주 자랑스럽게 여기는데, 자부심을 가질 만합니다.

0이 있어도 모든 계산에 전혀 모순을 초래하지 않는다는 점이 정말 멋지더군요. 0도 역시 발견되기를 기다리고 있었나 봐요.

0이 발견되기 전까지 있었던 모든 계산에 모순을 초래하지 않는다는 점에 주목한 오가와 선생님의 감각도 참 대단합니다.

그런데 0은 아무것도 없는 상태를 나타내는 수인데도 실감할 수 있죠. 마음속에는 분명하게 있어요. 그러니까 정말 대단한 발견이죠. 몇 세기에 한 번 나올까 말까 한 어마어마한 발견입니다. 아시아의 승리라고 할까요.

그렇게 인간은 지속적으로 하나하나 많은 발견을 하고

있군요.

그렇습니다. 각각의 문화와 전통 속에서 계속 발견하고 있죠. 그 점이 재미있어요. 유럽에는 유럽 나름의 발견이 있거든요. 예를 들어, 미적분은 유럽에서 생겨났습니다. 물리학과 수학을 접목한 사람은 뉴턴이고요. 일본도 미적분 비슷한 것을 에도 시대에 이미 발견했지만, 쇄국 정책이 계속되었기 때문에 현재에 이르기까지 역학과 연관시키지 못한 것이 아닐까 싶어요. 반면 유럽에서는 '이 우주는 신이 만든 것이다. 따라서 아름다운 조화로 충만할 것이다.'라는 믿음이 있었죠. 더 나아가 뉴턴은 그 아름다운 조화를 수학적 언어로 표현할 수 있다고 믿었습니다. 결국 기독교적 세계관의 산물이라고 할 수 있죠.

일본 사람은 신이 우주를 만들었다고는 생각지 않으니까요. 우주는 이미 거기에 있는 것이고, 나라는 존재 역시 자연의 일부로 생각하죠. 그러니까 마냥 무릎을 꿇고 있었던 것입니다. 따라서 우리는 아무리 노력해도 그 수준까지 갈 수 없었어요. 그런데 유럽에서 가능하지 않았던 0이라는 개념이 인도에서는 가능했습니다. 일본도 나름대로 많은 발견을 했죠. 이공계 학생은 대

아이작 뉴턴

학교 1학년 때 반드시 행렬식을 배우는데, 이 행렬식은 세키 다카카즈가 최초로 발견했습니다. 유럽에서 라이프니츠가 발견한 때보다 십 년 앞서서 말이죠.

수학이 민족성이나 지역성과 이렇게 연관이 클 줄은 몰랐네요.

역시 토양에서 생겨나는 것이죠. 문화란 전부 그렇습니다. 수학도 문화니까요.

자신에게 되돌아오는 완전수

『박사가 사랑한 수식』 중에 야구 선수 에나쓰 유타카의 등 번호인 28이 완전수라는 대목이 나오잖아요. 완전수는 자신을 뺀 약수를 전부 더하면 자기 자신이 되는 수를 말합니다. 6은 완전수 가운데 가장 작은 수죠. 6의 약수는 1과 2와 3이니까요. 그다음은 28입니다. 28의 약수는 1, 2, 4, 7, 14죠. 28이 완전수라는 것은 알고 있었지만, 에나쓰의 등 번호와 연결시키다니 굉장한 발견입니다. 이건 전 세계에서 아무도 발견하지 못했을 거예요.

그럴까요. 완전수 또한 정말 아름다운 개념이더군요.

완전수 역시 무한히 있는지 없는지는 아직 모릅니다.

6의 약수가 1, 2, 3이니까 1 + 2 + 3 = 6. 28은 1 + 2 + 4 + 7 + 14 = 28. 각 완전수는 자기 자신으로 되돌아오죠. 우애수 220은 284가 되니까 자기 자신보다 큰 수가 되고 284는 자기 자신보다 작은 220이 됩니다. 완전하게 자신과 일치하는 수가 완전수인 것이죠.

한 자릿수 중에는 6밖에 없습니다. 두 자릿수 중에는 28, 세 자릿수 중에는 496, 네 자릿수 중에는 8128. 이렇게 각 자릿수에 한 개밖에 없어요. 이 네 가지 수는 그리스 시대에 이미 알려졌는데, 그다음 완전수는 여덟 자릿수나 됩니다. 점점 간격이 벌어지죠.

그리고 또 한 가지, 완전수는 연속되는 자연수의 합으로 나타낼 수 있다는 것도 정말 아름다워요. 신기하기도 하고요.

증명은 그렇게 어렵지 않습니다.

아, 그런가요.

발견한 사람이 대단한 것이죠. 그렇게 쓸모없는 생각을 잘도 했다 싶습니다.

즉 6은 1 + 2 + 3이죠. 그리고 28은 1 + 2 + 3 + 4 + 5 + 6 + 7입니다. 이렇게 완전수는 모두 연속되는 자연수의 합이 되더군요.

참 멋진 발견이죠. 정말 아름답습니다.

예외 없이 전부 맞아떨어지니까요.

이런 경우는 증명한 사람보다 발견한 사람이 훨씬 위대합니다.

그렇군요. '이렇지 않을까?' 하고 깨닫는 순간이 증명이 완결된 순간보다 의의가 크다는 뜻이겠군요.

말로 표현할 수 없을 만큼 크죠. 지금 저더러 증명하라고 하면 십 분이면 할 수 있겠지만, 그런 발견은 평생을 바쳐도 못할 겁니다. 그러니까 에나쓰의 등 번호가 완전수라는 것을 발견한 사람도 위대한 것이죠.

그리 대단한 발견은 아니죠. 그래도 다른 야구 선수가 아닌 에나쓰 유타카라는 점이, 한신 타이거스의 그 많은 선수 중에서 에나쓰 유타카라는 점이…….

어이쿠, 눈물까지 글썽이고 있군요.

어쩌면 이 작품을 완성하는 마지막 열쇠가 그 발견이었는지도 모르겠어요.

저도 읽으면서 그런 생각을 했습니다. 이것으로 소설이 완성되었다는 느낌이 들었죠. 저는 교진(巨人, 일본 프로야구 구단인 요미우리 자이언츠) 팬이지만 절로 고개가 숙

여지더군요. 그리고 옛날 야구 이야기가 많이 나와서 친근하기도 했고요.

에나쓰는 한신 시절에만 28번을 썼어요. 트레이드된 후에는 모두 다른 번호를 썼지요.

그만큼 소중했던 것이겠지요.

네. 그래서 전 에나쓰가 난카이 호크스에 드레이드된 1976년에 박사의 기억이 끊어진 것으로 설정했어요.

아, 그때부터인가요. 정말 절묘하군요. 더욱이 에나쓰를 중심으로 말이에요. 책을 읽으면서 이 사실을 발견했을 때 오가와 선생님이 정말 기뻐했겠다는 생각이 들더군요. 혹시 춤이라도 추지 않았나요?

호호, 그 순간, 이제 쓸 수 있겠다고 확신했어요.

그야, 에나쓰니까요.

한신에서 이야깃거리가 될 수 있는 선수는 무라야마 미노루와 에나쓰 유타카 정도밖에 없죠.

하지만 에나쓰의 재능이 더 압도적이죠. 천재 중의 천재니까요.

삼진으로 잡기는 아주 간단하지만 땅볼로 아웃시키기는 어렵다고 했으니까요.

어째 이야기가 수학이 아니라 야구로 흐른 것 같네요.

그런데 야구도 수학과 인연이 깊더군요. 숫자로 나타낼 수 있는 스포츠라는 점도 제게는 행운이었어요.

정말 야구 이야기와 절묘하게 얽혀 있었어요. 멋진 구성이라고 생각했습니다.

무슨 말씀을요, 부끄럽습니다.

전 세계에서 수학과 야구를 연관해 소설을 쓴 사람은 아무도 없을 겁니다. 게다가 가사 도우미 아줌마와 그녀의 열 살짜리 아들과 노인 수학자라니……. 아무나 그런 발상이 가능한 것은 아니죠.

에나쓰의 등 번호가 28이라서 어쨌다는 거냐, 아무런 이익도 가져다주지 않는다는 생각이 들었죠.

바로 무익한 그 점이 훌륭한 것이죠. 이익이 있으면 안 되니까요.

아름다운 정리와 추악한 정리

며칠 전 선생님을 만나 뵈었을 때, 수학의 아름다움을 이야기하면서 삼각형 내각의 합이 180도라는 이야기 후에 추악한 정리가 있다는 말씀을 하셨잖아요. 그 예를 몇 가지 알려 주셨는데, 왜 그 정리가 추악한 건지 저는 이해가 잘 안 되었어요.

추악한 정리의 예를 들자면 1이 아닌 수 가운데, 각 자릿수 숫자의 3승을 더하면 원래 수로 돌아가는 수는 153, 370, 371, 407 이렇게 네 개밖에 없다는 정리입니다. 실제로 $153 = 1^3 + 5^3 + 3^3$, $370 = 3^3 + 7^3 + 0^3$, $371 = 3^3 + 7^3 + 1^3$, $407 = 4^3 + 0^3 + 7^3$이 됩니다. 이런 숫자는

표 1 추악한 정리

표 1-1

$153 = 1^3 + 5^3 + 3^3$　　$370 = 3^3 + 7^3 + 0^3$

$371 = 3^3 + 7^3 + 1^3$　　$407 = 4^3 + 0^3 + 7^3$

1보다 큰 수 중에서 각 자릿수의 숫자에 세제곱을 해서 더해 원래 숫자로 돌아가는 수는 몇 자릿수가 되든 이 네 가지밖에 없다.

표 1-2

1729　　　　81

↓ 각 자릿수의 숫자를 전부 더하고, ↓

$1 + 7 + 2 + 9 = 19$　　　　$8 + 1 = 9$

↓ 숫자를 뒤집어 곱한다. ↓

$19 \times 91 = 1729$　　　　$9 \times 9 = 81$

1보다 큰 수 중에서 원래 숫자로 돌아가는 성질을 지닌 수는 몇 자릿수가 되든 이외에 없다.

몇 자릿수가 되었든지 이 네 수밖에 없다는 정리죠(표 1-1). 왜 이 정리가 추악한지 묻는다면 뭐라고 설명할 길이 없습니다.

예를 들어 아름다운 정리의 전형은 '삼각형 내각의 합은 180도'라는 것처럼 정말 아름답습니다. 그 밖에도 많죠. 1+ 3 + 5 + 7 + ……, 이렇게 홀수만 더해 가다가 어디서 뚝 끊어도 어떤 수의 제곱이 됩니다. 1은 1의 제곱이죠. 1+ 3은 2의 제곱이고, 1+ 3 + 5 = 9는 3의 제곱입니다. 7까지 더하면 4의 제곱이 되죠. 이렇게 어디서 끊든지 어떤 수의 제곱이 됩니다. 이 정리도 정말 아름답죠(표 2).

여기에 돌멩이 한 개를 놓는다고 해 보죠. 그다음은 3이니까 한 개, 두 개, 세 개, 이런 식으로 놓으면 정사각형이 되죠. 다시 1, 2, 3, 4, 5 이렇게 놓으면 또 정사각형이 됩니다. 같은 식으로 1에서 7까지 놓아도 변함없이 정사각형이 되죠. 이것을 '사각수'라고 합니다. 이렇게 끝없이 돌을 놓아도 언제나 정사각형이 되기 때문에 1에서부터 홀수만 더하면 제곱수가 되는 것이죠. 아름다운 정리 아닌가요?

제가 발견한 것을 예로 들어 추악한 정리를 좀 더 설명

표 2 아름다운 정리 사각수(홀수의 합)

$1 = 1^2$

$1 + 3 = 4 = 2^2$

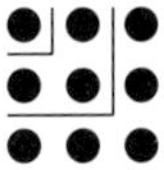

$1 + 3 + 5 = 9 = 3^2$

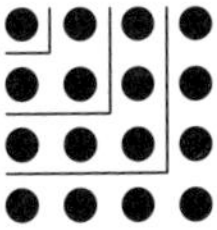

$1 + 3 + 5 + 7 = 16 = 4^2$

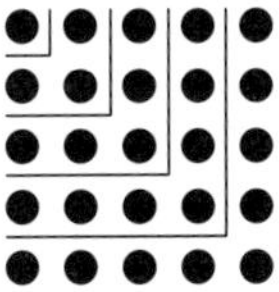

$1 + 3 + 5 + 7 + 9 = 25 = 5^2$

따라서 1에서 $2n + 1$까지의 홀수의 합을 구하는 공식은

$$1 + 3 + 5 + \cdots\cdots + (2n + 1) = (n + 1)^2$$

해 보죠. 1729라는 숫자가 있습니다. 각 자릿수의 숫자를 전부 더하면 1+ 7 + 2 + 9 = 19죠. 그런데 이 숫자를 거꾸로 놓으면 91이 됩니다. 이 수에 다시 19를 곱하면 원래 수인 1729로 돌아갑니다. 81 역시 같은 성질을 갖고 있죠. 81의 모든 자릿수, 즉 8과 1을 더하면 9죠.

9는 한 자릿수이기 때문에 거꾸로 놓아도 역시 9입니다. 두 수를 곱하면 원래 수인 81로 돌아가죠. 무수한 수 가운데, 이런 성질을 충족하는 수는 1 이외에 이 두 가지 수밖에 없다는 것이 제가 발견한 정리입니다(표 1-2).

하지만 이 정리를 수학자 앞에 내밀면, "아니, 어쩌다 이런 걸……." 하면서 바로 경멸할 거예요. 추악한 정리의 예도 들어 보았습니다. 제가 발견하는 것은 대개가 이렇게 추악한 것이죠.

거꾸로 뒤집고 바꿔 놓기 때문에 추악한 것인가요?

왜 뒤집어야 하는가? 필연성이 없죠. 거꾸로 뒤집어 놓는 것도 모자라 또 곱하기까지. 하지만 무한한 수 가운데 두 개밖에 없다는 것은…….

증명할 수도 있나요?

물론 할 수 있죠. 발견한 직후에 바로 증명했으니까요. 그것도 구질구질한 계산을 계속하다 보면 나와요. 아까 든 예처럼 한 개씩 늘어놓는 그런 아름다운 증명이 아니죠. 아름답지 않으니까 아무런 가치도 없습니다.

그래도 그것을 발견했을 당시에는 기쁘셨을 테죠?

글쎄요. 증명을 했을 때는 조금 기뻤죠. 하지만 몇 번을 보다 보니까 자신의 배설물을 보는 것처럼 기분이 영

좋지 않더군요. 이런 이야기는 거의 하지 않는데…….

매우 귀중한 이야기로군요.

오가와 선생님께서 거꾸로 뒤집기 때문에 추악할 것이라고 추측하셨는데, 역시 감각이 있습니다. 순서를 뒤바꾸는 것에 아무런 의미가 없다는 것을 알아챈 것도 그렇고요.

제가 그렇게 무례한 말씀을 드렸던가요. 하지만 아름답기 때문에 발견하고 싶다는 욕구가 없으면, 고생스러운 연구를 참고 계속할 수가 없잖아요.

물론 연구에 진척이 없을 때는 정말 괴로우니까요.

수학자들의 연구는 0퍼센트 아니면 100퍼센트이기 때문에 더욱 괴로운 것이겠죠.

여기까지 했다, 이런 것은 아무 가치가 없어요. 완벽하게 정복해야 하니까요. 그런데 대개는 정복하지 못하죠. 수학자는 제아무리 천재라도 한편으로는 열등감에 사로잡혀 있고, 또 언제나 욕구 불만에 시달립니다. 저는 아들이 셋 있는데, 내심 수학자만은 되지 않으면 좋겠다고 생각합니다.

아드님들이 상당히 우수하고 잘생겼다죠. 일본의 유명 연예기획사 쟈니스에 캐스팅될 뻔한 아드님도 있다고 들었어요. 그렇다면 수학적인 발견을 위해서는 무엇이 가장 중요할까요?

숫자에 대해 뭘 발견하려면, 이리저리 수를 갖고 노는 것이 가장 중요합니다. 더하고 빼고 뒤집어 보고 상상하고. 그러다 보면 혹시 이렇지 않을까 하는 실마리가 눈에 들어오죠. 그 실마리를 시작으로 대담하게 갖가지 실험을 해 봅니다. 그리고 정말 그 착상이 타당할 때는 증명을 시도하죠. 증명하는 단계까지 가면, 말 그대로 식은 죽 먹기입니다. 그러기까지 숫자를 갖고 노는 것은 독창성에 좋은 영향을 미칩니다.

예를 들어 아름다운 문학을 읽고 이해해 봐야 그 사람의 보물은 되지 않아요. 외우고 떠올리면서 읊조리는 등 언어를 갖고 노는 것이 중요하죠. 그러니까 도형을 가지고 어떤 발견을 하고 싶다면 갖가지 도형을 갖고 노는 것부터 시작해야 합니다.

수학의 천재들은 이렇게 많이 놀았어요. 산수나 수학만이 아니고, 한문을 줄줄 외우기도 하고, 어머니가 들려주는 옛이야기에 귀를 기울이기도 하고요. 다이쇼 시대에 세계에서 가장 앞선 대열에 오른 다카기 데이지라는 수학의 천재가 있었죠. 얼마 전에 저는 다카기 데

다카기 데이지

이지를 조사하기 위해 그가 태어난 기후현에 다녀왔습니다. 어린 시절의 그는 셈법을 공부하기는커녕 여섯 살 때까지도 한문을 읽고 옛이야기 책을 읽는 데만 몰두했더군요. 그리고 송두리째 외웠어요. 어머니를 따라 절에 갔다가 스님이 읊는 가마쿠라 시대의 승려 신란의 무슨 경까지 다 외워 버렸다고 하는군요. 그것이 독창성으로 이어지지 않았을까 생각합니다.

암송은 독창성과 상당히 많은 관련이 있는 것 같아요. 앞에서도 언급했듯이 라마누잔 역시 그랬어요. 어머니가 수천 페이지에 달하는 서사시 라마야나(고대 인도의 산스크리트어로 기록된 대서사시로 총 7편, 24000절로 이루어진 세계 최장의 서사시)와 마하바라타(바라타족의 전쟁을 읊은 고대 인도의 대서사시)의 대부분을 암기한 상태에서 어린 라마누잔에게 수시로 들려주었다고 합니다. 인도에서는 서사시들이 입에서 입으로 전해진 모양이에요. 그래서 그도 어머니처럼 그 서사시들을 늘 읊조렸을 겁니다.

요즘은 열린 교육을 한다면서 암기를 부정적으로 취급하는데, 그럴 게 아니네요. 사람은 암기를 통해 언어나 숫자를 보석으로 바꿀 수 있으니까요. 암기는 인간에게 꼭 필요한 교육이라고 생각합니다.

수많은 천재를 울린 페르마의 마지막 정리

오가와 선생님도 중고등학교를 다니면서 수학 문제가 풀리지 않아 짜증 난 적이 있을 거예요. 스트레스도 받았을 테고요. 그런데 우리 수학자들은 날마다 풀리지 않는 상태입니다. 아직 세상 누구도 풀지 못한 문제를 풀어야 가치가 있으니까요. 하지만 그렇게 쉽게 풀리지 않죠. 저는 집중해서 생각하면 코털을 뽑는 버릇이 있는데, 매일 그러다 보니 코털이 다 없어질 지경이죠. 게다가 끈질기지도 못하니까, 반년이 지나고 일 년이 지나면 잊어버리지는 않아도 다음 문제로 넘어가고 싶어집니다. 그런데 페르마의 마지막 정리를 증명한 영국인 앤드루 와일즈는 하루 스물네 시간 밤낮으로 매달려 무려 팔 년이 걸렸다고 합니다.

페르마의 마지막 정리는 'n이 2보다 큰 자연수일 때, 방정식 $x^n + y^n = z^n$ 을 만족하는 양의 정수 x, y, z는 존재하지 않는다.' 하는 것이죠. 와일즈는 증명에 성공했다고 발표했는데, 나중에 오류가 있나는 것을 알게 되었다면서요. 어딘가에 흠집이 있었던 거죠. 그래서 거기서부터 다시 시작해서 결국은 완성했다고 하더군요.

영국인 가운데에는 모험가가 많지요. 남극을 탐험한 로버트 스콧, 뉴질랜드와 오스트레일리아의 동해안을 발견한 캡틴 쿡, 아프리카를 탐험한 데이비드 리빙스턴 등이 용기가 많은 영국 사람입니다.

그야말로 아무도 도전하지 않은 높은 산을 목표로 하는 것이나 다름없군요. 페르마의 마지막 정리를 증명할 때 '다니야마-시무라 추론'이었나요? 일본인의 연구 성과가 매우 중요한 역할을 했다면서요?

1970년경에 다니야마-시무라 추론이 완성되었는데, 그것이 풀리면 페르마의 마지막 정리가 자동적으로 풀린다는 것을 1986년에 알게 되었어요. 그러니까 사실 앤드루 와일즈가 증명한 것은 페르마의 마지막 정리가

앤드루 와일즈

아니라 다니야마-시무라 추론입니다. 그런데 이 다니야마-시무라 추론이 또 아름답고 기기묘묘하기가 이루 말할 수 없어요. 제가 미국의 대학에서 강의했을 때 동료 중 절반은 페르마의 마지막 정리는 거짓일 거라고 했어요. 성립해야 할 필연성도 없으니까요. 하지만 다니야마-시무라 추론은 절대적으로 옳다고 했습니다. 이렇게 아름다운 추론이 성립하지 않는다면 수학을 포기하겠다고 하는 사람도 있었을 정도였죠.

결국 궁극적인 것은 일본인이 추론했다는 이야기로군요. 어떤 것인지 궁금한데요.

한마디로, 전혀 무관한 세계인 타원 곡선과 모듈 형식이 밀접하게 연결돼 있다는 이론이죠. 에베레스트의 정상과 후지산 정상을 잇는 무지개다리가 있다고 비유하면 좋을까요. 다니야마 유타카 선생님이 "혹시 무지개다리가 있지 않을까?" 하고 흘린 말에 시무라 고로 선생님이 "이런, 여기에 무지개 조각이 있네. 저쪽에도 있고 말이야. 아마, 이런 궤적을 그릴 거야." 하고 여러 가지 실례를 들어가면서 구체적으로 제시했죠. 1986년에 미국의 케네스 앨런 리베트라는 수학자가 다니야마-시무라 추론이 옳다면 페르마의 마지막 정리도 옳

다는 정리를 증명했어요. 다니야마-시무라 추론이라는 아름다운 무지개다리가 이미 존재하고, 무지개다리에서 팔을 뻗으면 손이 닿는 위치에 페르마의 마지막 정리라는 별이 있다고 말이죠. 하지만 리베트도 다니야마-시무라 추론을 증명하려 하지 않았어요. 그만큼 대단한 것이었죠.

다니야마 유타카라는 수학자는 그 추론을 내세운 후에 스스로 목숨을 끊었죠?

네. 너무나 이상하고 묘해서 당시에는 아무도 상대해 주지 않았어요. 1955년에 수학 분야의 세계적인 권위자들이 도쿄와 닛코에 모여 회의를 했습니다. 그때 회의석에서 발표했는데, 아무도 귀담아 듣지 않았어요. 반론도 없었습니다. 그냥 무시한 것이죠. 그러고 나서 사오 년 후에 다니야마 선생님이 갑자기 자살했습니다. 이학박사 학위를 받고 도쿄대학교 조교수가 된 해였죠. 약혼하고 결혼을 한 달 앞둔 시점에 세상을 떠나 버린 겁니다.

약혼자도 그를 뒤따랐다면서요?

네, 두 사람은 어떤 고난이 있어도 헤어지지 않겠다는 약속을 했다면서 약혼자 역시 한 달 후에 그를 뒤따라 저세상으로 가 버렸죠.

페르마의 마지막 정리가 증명되기까지 그러한 여러 가지 비극이 있었군요. 다른 한편에는 희극도 있었겠지만요.

350년에 걸쳐 수많은 학자가 도전했다가 실패를 거듭했죠. 하버드대학교의 교수나 일본의 일류대학교 교수가 풀었다고 발표했는데, 오류였던 적도 있었고요. 또 천재라고 불리던 사람이 평생을 페르마의 마지막 정리에 매달렸지만 결국은 아무것도 하지 못하고 죽은 예도 있습니다. 전 세계의 천재와 수재, 범재를 울린 정리죠. 나 역시 대학원 시절에 지도 교수에게 이런 말을 들었습니다. "페르마에게는 절대 달려들지 마라. 달려들면 수학 인생 끝장이다." 하고 말이죠. 그런데도 한 달 정도 매달려 봤습니다. 그러다 지도 교수님의 말씀이 떠올라 그만두었죠. 아아, 이러다가는 평생을 고생만 하다가 무덤에 가겠구나 싶어 결국 포기했습니다.

페르마가 '나는 이 정리를 경이로운 방법으로 증명했으나 여백이 적어 여기에 기록하지 못한다.'라고 글을 남겼다죠?

모두 우연이었거나 착각이었을 것이라 생각했죠.

종이에 여백만 있었더라면 그렇게 많은 수학자가 고생

하고 괴로워하지 않았을 텐데 말이에요.

그렇죠. 수많은 학자가, 그것도 천재나 대단한 수재라고 하는 학자들이 그 때문에 인생을 날렸으니까요.

앤드루 와일즈의 증명은 옳다는 평가를 받고 있죠?

지금은 그렇습니다. 하지만 그 논문이 이백 페이지에 달하는 엄청난 것이어서, 다 읽은 사람은 손가락으로 꼽을 정도일 겁니다. 저도 읽지 않았으니까요. 옳다고 판정한 여섯 명의 심사위원들은 모두 초일류 수학자였죠. 그 사람들도 다 읽을 수가 없어서, 앤드루에게 메일을 보내 "이건 왜 이렇게 되는 것이냐?" 하고 물어서 알았다고 합니다. 심사위원 여섯 명이 여섯 장으로 구성된 논문을 한 장씩 분담해서 겨우 읽어 내야 했을 만큼 복잡한 증명이에요.

우리 같은 평범한 사람들은 상상도 못할 수준에서 연구하고 있군요. 아주 극소수의 수학자들은 말이에요.

앤드루 와일즈가 페르마의 마지막 정리를 풀었다고 발표한 것은 1993년 6월 23일의 일이었습니다. 그날 바로 전 세계에 이메일이 발송되었죠. 그런데 와일즈가 칠 년에 걸쳐서 겨우 풀어낸 것에서 오류가 발견되었어요. 바로 석 달 뒤의 일입니다. 그래서 일 년을 더 분발

했는데도 풀지 못해 그만 포기하려고 했답니다. 그는 아주 성실한 신사였어요. 성급하게 발표를 했다고 낙담했죠. 이백 페이지에 달하는 논문이지만, 어느 한 줄이라도 오류가 있으면 곧장 쓰레기 신세가 되니까, 끔찍한 일입니다. 어떻게든 살려 보려고 애를 썼지만, 방법이 없었어요. 그래서 패배 선언을 하자고 했죠.

그때 제자인 리처드 테일러가 "앞으로 한 달만 더 연구해 보고 그래도 안 되면 그때 패배 선언을 하자."라고 했습니다. 바로 그 직후에 실마리를 찾았죠. 일본의 이와사와 겐키치 선생님이 만든 '이와사와 이론'이라는 매우 아름다운 대수정수론을 이용한다는 실마리였습니다. 무지개다리를 건너려고 했는데, 도중에 구멍이 뚫려 있어서 건널 수가 없었던 와일즈는 바로 옆에 이와사와 이론이라는 높은 봉우리가 있다는 것을 알았죠. 그 봉우리를 통해 무지개다리를 건널 수 있었고, 결국 페르마의 마지막 정리라는 별을 따냈던 것입니다.

이와사와 선생님은 군마현 기류시가 낳은 천재입니다. 제 스승의 스승이었죠. 다니야마, 시무라에서 이와사와로 맥이 이어집니다.

그 다니야마-시무라 추론을 생각해 낸 다니야마 유타

카에 대해서 인상 깊게 남아 있는 부분이 있어요. 그는 틀려도 올바른 방향으로 틀리는 아주 특별한 재능의 소유자였다면서요?

아, 그건 시무라 고로 선생님이 한 말입니다. 시무라 선생님은 친구인 다니야마 유타카 선생님이 자살했을 당시 프린스턴대학교에 있었어요. 그도 처음에는 다니야마 선생님의 추론을 믿지 않은 것 같아요. 그런데 "다니야마에게는 신비한 능력이 있다. 때로 틀리지만 어째서인지 올바른 방향으로만 틀린다." 하고 평가하고는, 그 후 다니야마 선생님의 추론이 옳을지도 모르겠다는 생각을 했죠. 하지만 그 추론이라는 것이 기묘하고 호쾌하기는 해도 아름다운 모습은 아니었어요. 그런 것을 시무라 선생님이 십 년에 걸쳐 정말 아름다운 모습으로 완성한 겁니다. 두 사람의 우정이 그렇게 만든 것이죠.

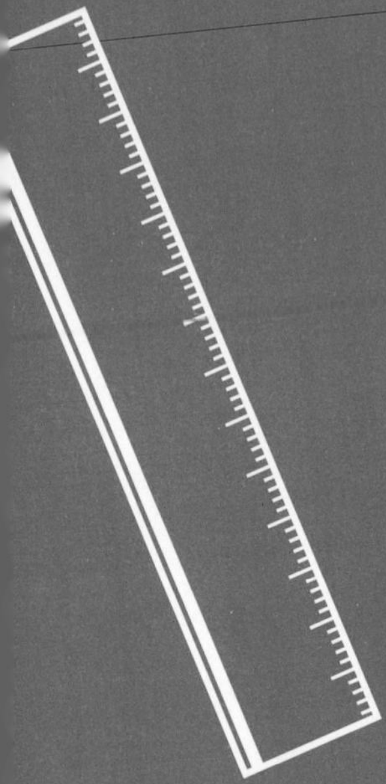

2장

혼돈 속에 숨은 뜻밖의 질서

연속되는 자연수의 합 구하기

후지와라 선생님은 어떤 계기로 수학에 매력을 느끼게 되셨나요?

문제를 풀었을 때의 기쁨과 칭찬받는 기쁨이었죠. 초등학교 3학년 때 아버지가 1에서 10까지 더하면 몇이냐는 문제를 낸 적이 있습니다. 차례대로 더해서 55라고 답해 봐야 칭찬받을 수 없을 게 뻔했죠. 저는 칭찬받기를 누구보다 좋아했기 때문에 한 시간을 생각한 뒤 "1에서 9까지 늘어놓으면 5가 가운데니까, $5 \times 9 = 45$가 돼요, 45에 남은 수 10을 더하면 55니까 답은 55입니다."라고 대답했더니, 아버지가 깜짝 놀라시면

표 3 연속되는 자연수의 합을 구하는 방법

표 3-1 후지와라 선생님이 초등학교 3학년 때 사용한 방법

1 + 2 + 3 + 4 + ⑤ + 6 + 7 + 8 + 9} + 10 =

↓ 1에서 9까지의 수에서 한가운데 수는 5니까

$5 \times 9 = 45$

↓ 남겨 놓은 10을 더하면

$45 + 10 = 55$

표 3-2 가우스의 방법

$$\begin{array}{r} 1 + 2 + 3 + 4 + 5 \cdots + 100 \\ +)\ 100 + 99 + 98 + 97 + 96 \cdots + 1 \\ \hline 101 + 101 + 101 + 101 + 101 \cdots + 101 \\ = 101 \times 100 \end{array}$$

1에서 100까지의 수를 두 번씩 더했으므로

구하는 수는 그 절반인 $\dfrac{101 \times 100}{2}$

↓ 따라서 1에서 n까지의 자연수의 합을 구하는 공식은

$$1 + 2 + 3 + \cdots + n = \frac{n(n+1)}{2}$$

서 대단하다고 칭찬해 주셨어요(표 3-1). 그리고 얼마 지나지 않아 수학자가 되겠다고 다짐했습니다.

선생님이 생각한 방식은 삼각수를 이용한 가우스의 방식과 전혀 다른가요?

다르죠.

양쪽 다 연속되는 자연수의 합을 구하는 방법인데, 삼각수와는 관계가 없는 방법이었군요. 그래서 아버님도 매우 기뻐하셨고요.

그렇습니다. 가우스와 비슷한 방법이었다면, 책에서 보지 않았을까 하고 생각할 수도 있었겠지만, 전혀 다른 방법이었어요. 가우스는 1에서 100까지 늘어놓고 그 밑에는 거꾸로 100에서 1까지 늘어놓은 후 세로로 더하면 전부 101이 되니까, 101에 100을 곱해서 2로 나눴죠(표3-2).

1에서 10까지, 1에서 50까지, 1에서 100까지 이렇게 연속되는 자연수를 더하는 방법으로 삼각수를 이용하면 상당히 명쾌해 보이더군요(표 4).

『박사가 사랑한 수식』에서 멋들어진 설명을 하셨더군요. 박사는 이 삼각수를 '정말 우아한 숫자'라고 말하고는 '아주 꼼꼼한 사람이 장작을 가지런히 쌓아 올린 듯

표 4 삼각수를 이용하여 자연수의 합을 구하는 방법

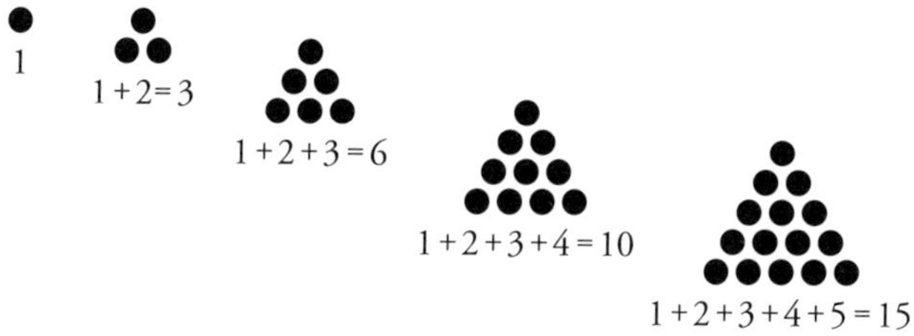

네 번째 삼각형 두 개를 붙이면

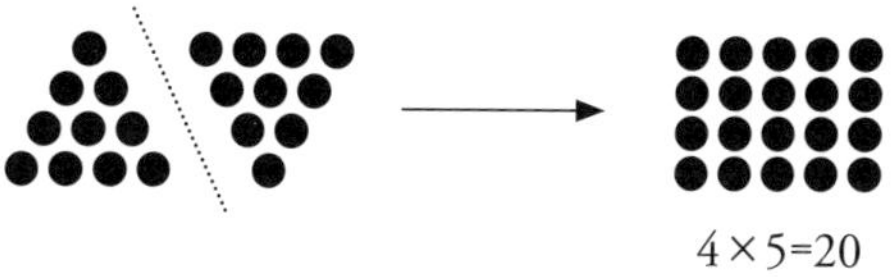

따라서 1에서 4까지의 자연수의 합은

그 절반인 $\frac{4 \times 5}{2} = 10$ 이 된다.

같은 방식으로 n까지의 자연수의 합은

$$1 + 2 + 3 + 4 + 5 \cdots + n = \frac{n(n+1)}{2}$$

하기도 하고……검정콩을 늘어놓은 것처럼 보이기도 하는' 검은 동그라미를 삼각형으로 그려 나가죠.
각각의 삼각형에 포함된 검정 동그라미의 숫자를 세어 보면 1, 3, 6, 10, 15이고, 이것을 식으로 나타내면,

1

$1 + 2 = 3$

$1 + 2 + 3 = 6$

$1 + 2 + 3 + 4 = 10$

$1 + 2 + 3 + 4 + 5 = 15$

이렇게 그려 나가다가 똑같은 삼각형 두 개를 붙여요. 네 번째 삼각형에서 삼각형 두 개를 붙이면, 세로에 네 개, 가로에 다섯 개의 검정 동그라미가 있는 직사각형이 됩니다.
이 직사각형 속에 있는 검정 동그라미의 수는 $4 \times 5 = 20$, 스무 개. 이것을 다시 반으로 나누면 $20 \div 2 = 10$. 이렇게 해서 1에서 4까지의 자연수의 합을 구할 수 있죠.
따라서 1에서 4까지의 자연수의 합은 다음과 같이 식으로 나타낼 수 있습니다.

$$\frac{4 \times 5}{2} = 10$$

다시 말해 1에서 자연수 n까지의 합은

$$\frac{n(n+1)}{2}$$

으로 나타낼 수 있죠.

이 방법을 사용하면 아무리 큰 수라도 1부터 그 수까지의 합을 구할 수 있어요. 감격에 겨운 박사가 눈물을 흘리자 가사 도우미는 "울지 마세요. 삼각수는 이렇게 아름다우니까."라고 말합니다. 감동적인 장면이죠.

삼각형을 사용하면 된다는 것은 누가 생각해 냈나요?

누군가가 생각해 낸 것이겠지만, 기록은 남아 있지 않을 겁니다.

가우스는 1에서 100까지 쓰고 그 밑에는 100에서 1까지 써서 세로로 더하면 101이 된다는 것을 어떻게 알았을까요? 그래서 천재라고 하는 것일까요? 어렸을 적에 생각한 것이었죠?

열 살 때였으니까 정말 대단하죠.

가우스의 머릿속에도 삼각형 같은 형태가 있었을까요? 아니면 더 단순했을까요?

없었을 가능성이 높지 않을까요. 단지 어떻게 더할까 생각하다가, 뒤집어서 더하면 어떨까 하고 번뜩 깨달은

초등학교 시절의
후지와라 선생님
5+9=45
45+10=55
가우스

것이겠죠.

학교 선생님이 시간을 벌려고 학생들에게 1에서 100까지 덧셈을 하라고 했는데, 가우스가 거의 순간적으로 대답하는 바람에 시간을 벌지 못했다는 일화도 있더군요.

그래요. 선생님은 한 시간쯤 걸릴 것이라고 예상하고 있었는데 말이죠. 정말 마음에 안 드는 학생입니다. 반에 이런 학생이 있으면 선생님 기분이 어떨까요? 보통 학생들 같으면 1에 2를 더해서 3, 3에 3을 더해서 6, 그런 식으로 더해 나갈 텐데 말이죠. 그런데 천재는 처음부터 거기에 무언가가 숨겨져 있을 것이라고 생각하죠. 그래서 절대 1부터 차례대로 더하는 어리석음은 범하지 않습니다. 신이 어떤 아름다움을 감춰 놓았다는 것을 본능적으로 알고 있으니까요. 어떤 일이든 반드시 어딘가에 아름다움이 숨겨져 있을 것이라 여기고 킁킁 냄새를 맡습니다. 그런 감각이 있는 사람이 결국 발견하는 것이죠.

숫자를 갖고 노는 실험

자연수의 제곱의 합은 어떻게 될까요? 예를 들어

$1^2 + 2^2 + 3^2 + 4^2 + 5^2 + \cdots\cdots$

이런 식으로 1의 제곱에서 100의 제곱까지를 더하라는 문제가 있다고 해 보죠. 이 문제를 수학자들은 어떤 식으로 풀까요?

순진한 아이들은 역시 차례대로 더해 나가겠죠.

네, 하지만 수학자들은 순진하지가 않아요. 그래서 저는 〈겨울연가〉라는 드라마를 절대 보지 않습니다. 남들이 다 보면 보지 않고, 아무도 관심을 두지 않으면 나 혼자 보죠. 마찬가지로 수학자들은 절대 덧셈을 하지 않습니다. 우선은 어떻게 하면 될지 여러 가지로 생각합니다. 앞에서 했던 방식대로 하면 1의 제곱은 1이고 100의 제곱은 10000, 이 두 수를 더하면 10001. 따라서 이런 식으로 계산하면 안 된다는 것을 알 수 있습니다. 그런 때는 실험을 하죠. 예컨대 수학자는 이런 방법으로 발견을 합니다.

$1^2 + 2^2 + 3^2 + 4^2 + 5^2 + \cdots\cdots$

각 제곱수를 더하면 1, 그다음은 4니까 5, 그다음은 5와 9를 더해서 14, 그다음은 14와 16을 더해서 30, 그다음은 30에 25를 더해서 55 …….

그리고 이번에는 원래의 자연수를 더합니다.

$1 + 2 + 3 + 4 + 5 + \cdots\cdots$

아까 했던 것처럼 차례대로 더해 보면 1 다음은 3, 6, 10, 15 ……

이렇게 계산을 해 보는 겁니다.

그걸 실험이라고 하는군요.

천재는 이런 실험을 조금도 싫어하지 않아요. 4나 5 같은 수는 금방 계산이 되지만, 0.58695의 제곱 같은 것도 아무렇지 않게 계산합니다. 우리 같은 사람은 0.58695의 제곱을 계산하라고 하면 다들 울상을 지을 텐데 말입니다. 천재는 계산을 싫어하지 않아요. 오히려 이런 계산을 하면서 생각합니다. 무슨 규칙이 있을까, 하고 말이에요.

인간이란 아무것도 없는 상태에서는 새로운 것을 만들어 내지 못해요. 사막에다 집을 지으라고 해 봐야 짓지 못합니다. 사실 진정한 독창이란 있을 수 없어요. 다른 것과 비교해 보는 것밖에 못하죠. 그래서 동서고금 선인들의 온갖 예를 비교해 봅니다.

예를 들어 지금 비교하고 싶은 식은 두 가지입니다.

$1^2 + 2^2 + 3^2 + 4^2 + 5^2$

$1 + 2 + 3 + 4 + 5$

아까 계산했던 대로 합을 써 봅니다.

1　5　14　30　55 ……

1　3　6　10　15 ……

제곱의 합, 그러니까 위에 있는 합이 당연히 크죠. 그러면 이 두 수의 비를 생각해 봅니다.

$$\frac{1}{1} \quad \frac{5}{3} \quad \frac{14}{6} \quad \frac{30}{10} \quad \frac{55}{15} \quad \cdots\cdots$$

그리고 약분을 하죠. 분모를 3으로 해 봅시다.

$\frac{3}{3}$ $\frac{5}{3}$ $\frac{7}{3}$ $\frac{9}{3}$ $\frac{11}{3}$ ……

이렇게 해 보면 분명한 성질이 있다는 것을 알 수 있죠. 분자만 보면 2씩 늘어납니다. n번째 수는 n의 2배에 1을 더한 수, 즉 $2n+1$이죠.

앞서 봤던 $1 + 2 + 3 + \cdots\cdots + n$의 합을 구하는 식

$$\frac{n(n+1)}{2}$$

여기에

$$\frac{2n+1}{2}$$

를 곱하면 되죠. 따라서 1에서 n^2까지의 합을 구하는 식은 이렇게 됩니다.

$$\frac{n(n+1)}{2} \times \frac{2n+1}{3} = \frac{n(n+1)(2n+1)}{6}$$

이렇게 비교를 하면서 실험을 하는 거죠(표5). 써 보고 더하고 빼면서 숫자를 갖고 노는 겁니다.

그렇다면 3승은 어떨까요.

$1^3 + 2^3 + 3^3 + 4^3 + 5^3 + \cdots\cdots$의 합 말이죠.

각각을 3승한 수를 써 보죠.

표 5 자연수의 제곱의 합을 구하는 방법

$1^2 + 2^2 + 3^2 + 4^2 + 5^2$　　　　$1 + 2 + 3 + 4 + 5$

각각을 더하면

1　5　14　30　55　　　　1　3　6　10　15

왼쪽과 오른쪽에 대응하는 숫자의 비를 생각하면

$$\frac{1}{1} \quad \frac{5}{3} \quad \frac{14}{6} \quad \frac{30}{10} \quad \frac{55}{15}$$

약분해서 분모를 3으로 맞추면

$$\frac{3}{3} \quad \frac{5}{3} \quad \frac{7}{3} \quad \frac{9}{3} \quad \frac{11}{3}$$

각각의 분자를 보면

$3 = 2 \times 1 + 1$　　　　$5 = 2 \times 2 + 1$

$7 = 2 \times 3 + 1$　　　　$9 = 2 \times 4 + 1$

$11 = 2 \times 5 + 1$

n번째의 분자는 규칙성에 따라 $2n+1$이 된다.

↓ 따라서 $1 + 2 + 3 \cdots\cdots + n$의 합을 구하는 식

$\frac{n(n+1)}{2}$ 에 $\frac{2n+1}{3}$ 을 곱하면 된다.

$$1^2 + 2^2 + 3^2 + \cdots\cdots + n^2 = \frac{n(n+1)}{2} \times \frac{2n+1}{3} = \frac{n(n+1)(2n+1)}{6}$$

1　8　27　64　125……

이 수를 순서대로 더해서 합을 구합니다. 그리고 그 밑에 1 + 2 + 3 + 4 + 5 + ……의 합도 늘어놓죠.

1　9　36　100　225……

1　3　6　10　15……

위아래의 숫자를 비교하면 그 성질을 한눈에 알 수 있죠. 1은 1, 3은 9, 6은 36이죠. 10은 100. 즉 윗단이 아랫단의 제곱입니다. 따라서 3승의 합을 n까지 더하면

$$\frac{n(n+1)}{2}$$

의 제곱인 셈이 되죠.

$$1^3 + 2^3 + 3^3 + 4^3 + 5^3 + \cdots\cdots n^3 = \left(\frac{n(n+1)}{2}\right)^2$$

뒷짐만 지고 있어서는 아무것도 알 수 없어요. 우선은 실험하고 관찰해야죠(표 6-1).

3승의 경우는 사람에 따라서 다르게도 관찰할 수 있습니다. 2의 3승은 4의 2배니까 3 + 5로 표시할 수 있죠. 3의 3승은 9의 3배니까, 9를 중심으로 7 + 9 + 11이라고 나타낼 수 있고요. 4의 3승은 16의 4배니까, 16을 중심으로 13 + 15 + 17 + 19. 중심 숫자의 앞뒤 홀수를

표 6 자연수의 3제곱의 합을 구하는 방법

표6-1

$1^3 + 2^3 + 3^3 + 4^3 + 5^3$ $\qquad$ $1 + 2 + 3 + 4 + 5$

각각을 더하면

1 9 36 100 125 $\qquad$ 1 3 6 10 15

좌우에서 대응하는 숫자를 비교하면 왼쪽은 오른쪽 숫자의 제곱이 된다.

↓ 따라서

$$1^3 + 2^3 + 3^3 + 4^3 + 5^3 + \cdots\cdots n^3 = \left(\frac{n(n+1)}{2}\right)^2$$

표6-2

1^3	2^3	3^3	4	5
	‖	‖	‖	‖
1	4×2	9×3	16×4	25×5
	‖	‖	‖	‖
	$3+5$	$7+9+11$	$13+15+17+19$	$21+23+25+27+29$

↓ 따라서

$1^3 + 2^3 + 3^3 + 4^3 + \cdots\cdots$의 합은

$1 + (3 + 5) + (7 + 9 + 11) + (13 + 15 + 17 + 19) + \cdots\cdots$ 이 되고

이것은 사각수이므로 구할 수 있다.

더하는 것이죠. 5의 3승도 마찬가지입니다. 25의 5배니까 $21 + 23 + 25 + 27 + 29$가 되죠.

다시 살펴보면 1의 3승은 1, 2의 3승은 $3 + 5$, 3의 3승은 $7 + 9 + 11$, 4의 3승은 $13 + 15 + 17 + 19$. 여기까지 보면 대충 짐작이 가죠. 홀수만 더하면 되는 셈이니까요(표 6-2).

$1^3 + 2^3 + 3^3 + 4^3 + \cdots\cdots = 1 + (3 + 5) + (7 + 9 + 11) + (13 + 15 + 17 + 19) + \cdots\cdots$이 됩니다.

홀수만 더하는 식이 또 있었던 것 같은데요.

앞에서 본 정말 아름다운 식이 있었죠(표 2). 따라서 자연수의 3승의 합도 금방 구할 수 있습니다. 하지만 이런 발견도 홀수만 있으면 곧바로 더하면 된다는 사전 지식이 없으면 알아내기가 힘들죠.

2승보다 3승이 더 재미있어 보이네요. 홀수를 더해 가는 것은 알겠는데, 짝수는 더할 수 없나요?

짝수도 물론 더할 수 있습니다. $2 + 4 + 6 + 8 + 10 + \cdots\cdots + 2n$. 이것은 $2(1 + 2 + 3 + 4 + 5 + \cdots\cdots + n)$으로 나타낼 수 있죠. 자연수의 합을 구하는 공식은 이미 아니까, 거기에 2를 곱하면 되죠.

그렇군요. 맨 처음 가우스가 생각한

$$\frac{n(n+1)}{2}$$

에서 나누기 2가 없는 셈이군요.

그렇습니다. 하지만 이것도 자연수의 덧셈을 모르면 안 되니까, 역시 수학을 하려면 기본 지식이 필요한 것이죠. 그리고 수학자는 실험을 많이 해야 됩니다. 수학도 실험 과학이죠.

실제로 비커를 흔들지는 않지만 실험을 하는 거군요.

그렇습니다. 숫자를 갖고 노는 것이 바로 실험이죠. 더하고, 빼고, 곱하고, 나누고, 이미 알려진 것과 비교합니다. 그렇게 하면서 발견에 도달하죠. 5승이든 6승이든 신은 반드시 무언가를 감춰 놓았을 테니까요. 복잡한 수식으로밖에 표현할 수 없다면 지구나 우주는 추악한 것이 되고 말 테니까요. 반드시 어떤 아름다움이 숨어 있고, 열심히 생각하고 또 생각하면 언젠가는 그 아름다움에 도달할 것이라는 확신이 없으면 안 되는 것이 수학입니다.

아라비아 숫자의 비밀

삼각수와 사각수는 도형의 문제인데, 사각수도 L자형 선으로 나눠 나가면 홀수나 자연수를 더하는 계산과 똑같아지잖아요. 제게는 홀수를 더하는 계산 1 + 3 + 5 + 7 + 9……와 자연수를 더하는 계산 1 + 2 + 3 + 4 ……, 이런 식의 문제로 보여요. 시험 문제에는 식의 문제와 도형이 문제가 나뉘어 있지만, 실제로는 이렇게 도형과 식이 별개의 것이 아니라는 뜻이겠죠.

그렇습니다. 같은 신이 만들었는데, 인간이 멋대로 나눠 놓은 것이 오히려 이상하죠. 그리스 시대에 어쩌다 보니 둘로 나뉘었어요. 피타고라스학파는 분수로 모

표 7 정사각형의 변과 대각선의 길이 관계

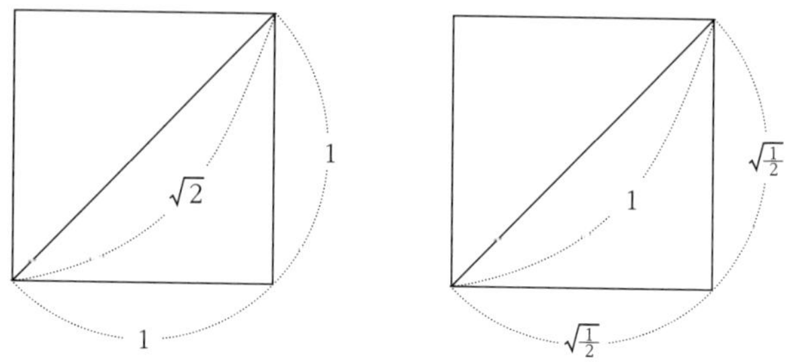

든 수를 나타낼 수 있다고 생각했습니다. $\frac{3}{5}$, $\frac{8}{9}$, 이렇게 모든 수는 비로 나타낼 수 있다고 생각한 것이죠. 그런데 정사각형의 한 변이 1이라고 하면 대각선의 길이는 $\sqrt{2}$가 되니, 난감해졌죠. $\sqrt{2}$를 분수로 나타낼 수 없다는 것은 증명하기 어렵지 않았고, 그들도 알고 있었어요. 하지만 우주는 전부 비로 성립되어 있다고 생각했으니, 비로 나타낼 수 없는 것은 인정할 수가 없었죠. 그렇다고 대각선을 1로 하면 이번에는 정사각형의 한 변이 $\sqrt{\frac{1}{2}}$이 되고 맙니다(표 7). 결국 무리수가 되니까 수가 아니다, 즉 정사각형의 변이 수라고 하면 대각선은 수가 아닌 것이 되거나 또는 반대로 대각선을 수라고 하면 한 변은 수가 아닌 것이 되잖아요. 이거 큰일이다 싶어서 기하와 대수를 분리시킨 겁니다.

아, 그런 것인가요.

그렇습니다. 기하는 기하로 가자고 해서, 유클리드가 '합동(合同)이다, 닮은꼴이다, 원주각이다.' 하며 숫자가 필요 없는 방향으로 몰고 간 것이죠. 또 수는 수대로 기하와 겹치지 않는 방향으로 나갔고요.

그러니까 인간이 편의상 그렇게 나눈 것이군요.

그래요. 천재들이 그렇게 생각해 버렸으니까요.

무리수를 숫자로 수용하기가 쉽지 않았는지도 모르겠네요.

네, 그렇죠. 유럽인에게는 그야말로 무리죠. 그로부터 1500년 정도 지나서야 수용하게 되었으니까, 르네상스 시대가 끝난 후입니다. 그전까지는 절대 받아들이지 않았어요. 그런데 인도인들은 달랐습니다.

과연 0을 발견한 사람들답군요.

0을 처음 발견한 것은 인도인, 음수를 처음 인정한 것은 중국인이라고 합니다. 반드시 분수로 나타내야 한다는 사고가 없으니까 무리수도 아주 자연스럽게 인정할 수 있었죠. 빚은 마이너스 개념이니까 음수는 비교

0을 발견한 인도인

적 간단하지만, 0은 훨씬 어려워서 몇 세기가 지나서야 발견되었어요. 하지만 인도는 철학적으로 상당히 발전된 상태에서 무(無)라는 개념이 있었기 때문에 0도 순순히 인정합니다. 그리고 0을 사용해서 기수법을 발견한 것도 사실은 인도인이죠. 우리가 아라비아 숫자라고 하는 것이 사실은 인도 숫자입니다. 요컨대 중세 유럽은 아시아나 중근동(리비아에서 아프가니스탄에 이르는 북아프리카와 서아시아 지역)보다 훨씬 뒤처져 있었어요. 인도가 발견한 것이 아라비아를 통해서 유럽으로 들어갔기 때문에 '아라비아 숫자'라고 하게 된 것이지, 원래는 인도 숫자입니다.

기수법이란 뭐죠?

우리는 723, 364 이렇게 숫자를 쓰죠. 이렇게 쓰는 것은 인도인이 처음 시작했습니다. 유럽은 약 16세기까지 723은 로마자로 DCCXXⅢ와 CCCLXIV라고 썼습니다. 라틴어와 대조해 보면

Ⅰ=1 V=5 X=10 L=50

C=100 D=500 M=1000

이렇게 됩니다. 로마 숫자는 기호를 나열한 것에 지나지 않았어요. 웃음이 나오죠. DCCXXⅢ와 CCCLXIV

를 곱하라고 하면 두 손 들 수밖에 없습니다. 아무도 계산할 수 없죠.

당시에는 십진법이 없었나요?

아직 없었습니다. 기수법이 이러니 자릿수를 정할 수도 없었어요. 로마는 상당 기간 이런 수를 사용했습니다. 숫자를 써서 계산을 할 수 없으니까, 이런 숫자는 계산한 결과를 기록할 때나 사용되었죠. 그런데 인도인은 아주 자연스럽게 0이든 뭐든 다 받아들였어요. 관대한 것이죠.

0이 있기 때문에 자릿수를 정할 수 있었군요.

바로 그렇습니다. 0이 없으면 안 돼요. 기수법은 아주 중요한 발견입니다.

평소 우리는 아무 생각 없이 '100의 자리'라고 하는데, 이렇게 근원적이고 귀중한 것을 인도인이 발견했군요.

그렇습니다. 라틴어로 표기된 숫자를 보면 그 고마움을 알 수 있죠. 로마인들은 숫자를 써서 계산할 수 없으니 나무를 엮어 만든 산목을 사용해서 계산했습니다.

눈에 보이지 않는 숫자, 허수

자연수의 덧셈을 할 때, 검정 동그라미를 삼각형 모양으로 늘어놓고, 그 삼각형을 두 개 합해서 사각형으로 만들었잖아요. 삼각형만 들여다봐야 식이 나오지 않으니까, 거꾸로 뒤집은 모양의 삼각형을 갖다 붙인 점이 최대의 실마리가 되었는데, 삼각형 두 개를 합한다는 그 발상이 정말 멋지더군요.

눈으로 볼 수 있게 한 셈이죠. 이렇듯 수학이 도형과 만나면 생기를 띠게 됩니다. 수학의 발전 상황을 봐도 도형화로 이해가 깊어졌다는 것을 알 수 있어요. 예를 들어 음수가 그렇습니다. 양수는 돌멩이 한 개, 두 개, 세

표 8 데카르트의 수직선

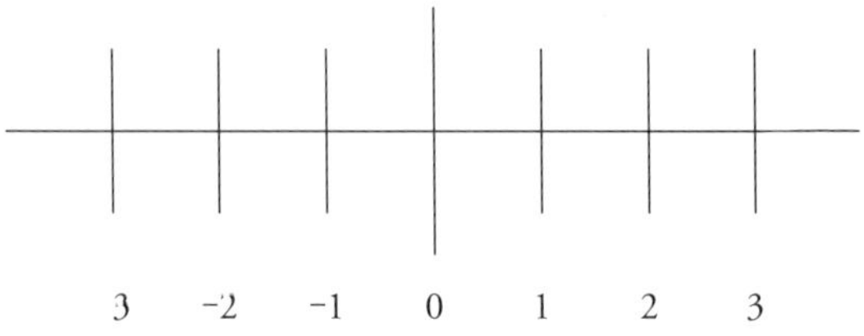

개, 이렇게 눈으로 볼 수 있죠. 그런데 음수는 아무도 눈으로 볼 수 없습니다.

그래서 유럽에서는 16세기가 되도록 음수를 인정하지 않았어요. 17세기가 되어서야 데카르트가 수직선을 그리죠(표 8). 중학교에서 배웠죠? 이렇게 그림으로 그렸더니 사람들이 "아하, 정말 그렇군." 하면서 비로소 인정했습니다. 수학에서는 도형화하고 시각화하는 것이 때로 아주 중요해요. 도형화되고 시각화되어야 비로소 본질을 파악하는 경우가 많죠.

유럽이 뒤처진 예를 또 하나 들어 보죠. 허수가 있습니다. 옛날 사람들은 $x^2+1 = 0$이라는 방정식을 풀려다 모두 난감해지고 말았습니다. 이 식에서 $x^2 = -1$이 되는

데, 보통 이 세상에 있는 숫자는 제곱을 하면 전부 양수가 되잖아요. 따라서 -1을 제곱하면 당연히 1입니다. 이런 방정식을 풀려고 하다 보니까 어쩔 수 없이 허수라는 개념이 필요하게 된 것이죠.

그 x가 어딘가에 있다는 말씀이죠?

그렇습니다. 하지만 이 세상에는 없는 환상의 수, 즉 허수입니다. 이것을 처음 인정한 수학자는 16세기의 카르다노였어요. 2차 방정식을 풀려고 하다 보니까 $x^2+1=0$이 나왔는데, 그는 허수로 생긴 정신적 고통은 잊어버리고 그저 받아들이라는 말을 했죠.

하하하.

귀엽죠. 지금 생각해 보면 다 큰 어른이 제곱해서 -1이 되는 수를 정신적 고통이라고 했으니 말입니다. 하지만 당시에는 아무도 받아들이지 않았어요.

17세기 후반의 아주 뛰어난 철학자이며 수학자인 라이프니츠 역시 허수 때문에 상당히 고뇌했습니다. 하지만 그는 긍정적인 입장에 있었어요. 허수는 상상의 수(imaginary number)라서 i라고 쓰기도 합니다. 그리고 이렇게 말했죠.

"신은 너무나 숭고하게 그 모습을 나타냈다. 존재와 비

표 9 가우스 평면

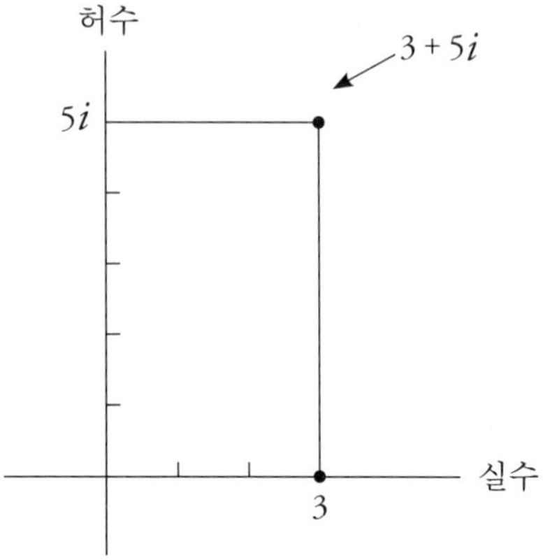

존재 사이를 떠다니는 기적적 산물."이라고요.

아아, 거의 시로군요.

백오십 년 걸려서 '정신적 고통'으로부터 조금 헤어난 셈이었죠. 하지만 역시 아무도 인정하지 않았습니다. 그리고 또다시 백오십 년 정도 지난 19세기 전반에 수학사상 최대의 인물인 가우스라는 사람이 등장하죠. 그가 시각적으로 보여 준 덕분에 허수는 겨우 인정받게 되었습니다. 데카르트는 수직선으로 음수를 나타냈는데, 가우스는 좌표축에 허수를 나타냈죠(표 9). 가로 축은 실수, 세로 축은 허수 그리고 일반 복소수(실수와 허수로 구성된 수)는 $a + bi$로 나타냅니다.

예를 들면 $3 + 5i$ 이렇게 말이죠. 그리고 이것은 실수축상의 3, 허수축상의 5란 좌표를 지닌 점 $3 + 5i$가 되죠. 이것을 복소수 평면 또는 가우스 평면이라고 합니다. 허수, 즉 복소수를 이 평면상의 점으로 나타낸 것이죠. 우리가 사는 세상은 실수인 가로축상에 있지만, 좀 더 확대된 세계를 가우스 평면이라는 평면으로 보여 준 것이죠. 그랬더니 지금까지 환상의 수였던 i가 눈에 보이면서 현실감을 갖게 된 겁니다. 그렇게 해서 처음으로 허수가 인지되었죠.

과연 가우스로군요.

수학의 발전에서 도형화와 시각화는 매우 중요합니다. 이해나 발견에는 시각화, 이미지화가 때로 필요하죠.

물리학이 발전하면서 허수가 점차 중요시되었죠. 물리에서는 계산상 i가 반드시 필요하다고 하는데, 수학자가 이미 발견해 놓은 것을 물리학에서 뒤늦게 필요로 하게 되었나 봐요.

그렇습니다. 카르다노가 $\sqrt{-1}$을 사용했을 때, 그는 물

리학의 '물' 자도 몰랐습니다. 2차 방정식을 풀려고 했을 뿐이니까요. 그런데 훗날 자연 과학에서 중요한 개념이 된 겁니다.

유클리드 기하학 역시 유클리드가 연구할 당시에는 삼각형의 합동이나 원주각 같은 것이 이 세상에 어떤 도움이 될지 전혀 생각하지 않았습니다.

그런데 이천 년 가까운 세월이 흐른 후에, 아무 도움도 될 것 같지 않던 그 기하를 뉴턴이 역학과 천문학에 기용했어요. 그리고 천체 물리학을 만들어 냈죠. 그는 자신의 저서 『프린키피아(Principia)』에서 그의 발견인 미적분이 아니라 그리스 시대의 유클리드 기하학을 사용하고 있습니다.

도움이 되는 데 이삼 년이 아니라 이천 년이나 걸렸다는 점은 수학의 위대함을 말해 주는군요.

옳은 말씀입니다. 중고등학교에서 유클리드 기하학을 배웠을 텐데, 도형의 성질은 정말 아름답죠. 예를 들어 원에서 길이가 같은 호에 대한 원주각은 모두 같다(표10), 얼마나 아름답습니까? 그렇게 아름다운 예가 산처럼 많아요. 동서고금을 망라한 수학의 역사에서 세상에 도움이 되는 걸 염두에 두고 연구한 수학자는 아무

표 10 원주각의 성질

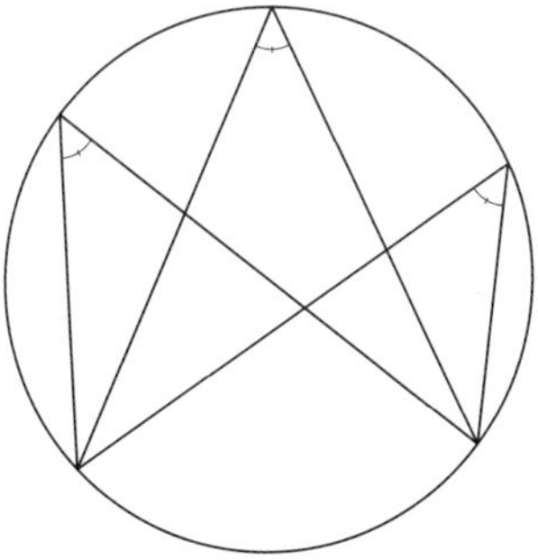

길이가 같은 호에 대한 원주각의 크기는 모두 같다.

도 없습니다. 하지만 세월이 흐른 뒤에 도움이 되죠. 무척이나 큰 도움이 되기 때문에 양자 물리학으로 유명한 위그너는 '수학의 부당한 유용성'이라고 평했을 정도입니다. 게다가 아름다운 수학일수록 도움도 큽니다. 추악한 수학은 저절로 사라지고 잊히죠.

그래도 틀렸다는 의미는 아니죠?

옳기는 하지만 달리 응용할 수 없고, 누구 하나 돌아보지도 않죠. 왜 그런지는 모르겠지만 아름다울수록 효

용성도 높습니다.

역시 그렇군요.

그게 정말 신기하단 말입니다. 십 년 전에 소립자론의 세계적인 권위자인 에드워드 위튼과 대담을 한 적이 있는데요. 그가 하는 연구는 일명 초끈 이론이라고 하죠. '원자핵은 소립자로 되어 있다, 소립자는 쿼크로 되어 있다, 이렇게 점점 좁혀 가면 마지막에는 바이올린 현처럼 진동하는 현이 남는다.'는 이론입니다. 모든 물질은 진동하는 현으로 이루어져 있다는 이야기죠.

그의 이론에 설득력이 있다는 것은 많은 사람이 인정하고 있어요. 그런데 정말 옳은지 검증할 방법은 없다고 합니다. 앞으로 백 년이 지나도 말이죠. 우리의 신체에 대한 원자핵의 비보다 원자핵에 대한 초끈의 비가 작다고 할 만큼 극단적으로 작아서 말이죠. 너무 작아서 도저히 검증할 길이 없답니다.

그러니 아무리 옳은 것 같고, 그가 아무리 대단한 천재라고 노벨상은 받지 못하는 것이죠. 백 년이 흘러도 검증할 수 없다면 거짓인지 진실인지 결정할 수도 없으니까요.

그에게 왜 초끈 이론이 옳다고 확신하는지 물어보았습

에드워드 위튼

니다. 그랬더니 "수학적으로 그렇게 아름다운데 거짓일 리가 없다. 신은 이 우주를 이런 식으로 만들었을 것이다."라고 하더군요. 그 대답을 듣고 솔직히 좀 놀랐습니다. 이론 물리의 세계에서도 이론이 아름다우면 현실 또한 그럴 것이라도 한 셈이니까요.

걸국 현실은 아름답다는 말이네요. 공상의 세계보다 현실이 훨씬 더 아름답다는 거죠.

이미 아름답게 만들어져 있죠.

허수에 관한 말씀을 듣고 보니 -1이 상당히 중요한 숫자라고 생각되네요. -1은 제곱하면 1이죠. 하지만 1에서 -1을 만들어 낼 수는 없죠. 1은 제곱해도 다시 1이니까요.

마이너스는 이 세상에 없으니까요. 아무리 사방을 돌아보아도 마이너스라는 것은 눈에 보이지 않아요. 그래서 옛날 사람들에게는 정신적인 고통이었던 겁니다.

마이너스를 곱하면 1이 된다는 것도 수용하기 어려웠을 것 같아요. 마이너스를 늘려 가면 양수가 되잖아요.

그렇습니다. 그래서 고통이었죠. 마이너스가 시민권을 얻게 된 것은 17세기에 뉴턴이 등장한 후입니다. 하지만 학교에서는 가르치지 않았죠. 18세기가 된 후에도 너무 고통스러워서 유럽의 중학교 교과서에서는 다루지 않았어요.

서양 사람들이 어떤 관념에 사로잡혀 있었기 때문일까요? 종교적으로나 정치적으로 제약이 컸다든지, 그렇게 말이에요.

편견이 심하죠. 유연성도 없고. 그 점은 현대의 정치를 봐도 알 수 있습니다.

다윈이 오랜 세월 무시당했던 것처럼 말이군요.

다윈은 정말 심한 박대를 받았죠. 인간을 어떻게 원숭이와 같이 취급할 수 있는가, 하고 말이에요. 수학의 역사를 보면 서양 사람들이 무리수나 허수에 얼마나 심한 거부 반응을 보였고 수용하려 하지 않았는지, 그에 반해 인도인을 비롯한 아시아 사람들은 얼마나 쉽게 받아들였는지, 잘 알 수 있습니다.

일신교와 다신교의 차이일지도 모르겠군요. 인도는 어떤 종교든 받아들이잖아요. 원래는 힌두교를 신봉하는 나라지만, 기독교도와 이슬람교도도 많습니다. 불교도 시크교도 다 있어요. 뭐가 되었든 받아들이죠. 대단한 포용력입니다.

불규칙한 소수의 출현

소수에 대해 여쭙고 싶은데요. 소수는 '1보다 큰 정수로, 1과 자기 자신 외에는 약수가 없는 수'인데, 별다른 규칙 없이 불쑥불쑥 나타나잖아요. 수학이 영원하고 완전한 것이라면 왜 소수의 출현에는 공식이 없는 걸까요? 소수가 출현하는 규칙은 찾아낼 수 없나요?

수학 전문가들은 지금도 그 문제로 고민하고 있습니다. 그런데 소수가 상당히 까다로워요. 좀처럼 공식을 찾을 수 없다고 할까. 요컨대 이런 겁니다. 소수는 2, 3, 5, 7, 11, 13, 17, 19……이렇게 이어집니다. 2를 첫 번째라고 하면 3은 두 번째, 5는 세 번째, 7은 네 번째,

11은 다섯 번째 그리고 n번째 소수를 Pn이라고 씁니다. 그렇다면 'Pn을 나타내는 공식은 무엇이냐?'라는 질문이 생기죠.

공식이 있기는 합니다. 그런데 가령 n을 10000이라고 하고 공식을 이용해서 Pn을 구하려면 컴퓨터로 계산해도 며칠이 걸립니다. 실용성이 없어요. 소수를 차례대로 만 번째까지 쓰는 것이 오히려 빠를 정도죠. 오가와 선생님도 차분하게 써 나가면 백 번째 소수까지는 한 이십 분 안에 찾을 수 있을 겁니다.

네, 차근차근하면 백 개 정도는 찾을 수 있겠죠.

그런데 오가와 선생님이 공식을 써서 찾는다면 이십 일은 걸릴 겁니다. 그 정도로 효율이 떨어지는 공식이라 써먹을 수가 없죠. 이론적으로나 실질적으로나 가치가 없어요. 따라서 소수를 나타내는 공식은 아직 없다고 하는 겁니다.

공식으로써 그다지 아름답지 않다는 말씀이군요.

바로 그런 것이죠. 너무 추악해서 어떤 교과서에도 실리지 못합니다.

소수는 아름다운데, 소수를 구하는 공식은 아름답지 않은 거네요.

현재까지는 그렇습니다. 소수는 정말 변덕이 심해요. 3과 5 사이는 둘밖에 차이가 없는데, 7과 11 사이는 넷이고, 훨씬 더 간격이 넓은 경우도 있죠. 심지어 연속된 100만 개의 숫자 사이에 한 개도 없는 경우도 있어요.

그럼 여기서 끝이 아닌가 싶어 불안해지겠네요. 이제 더 이상은 나오지 않는 게 아닐까 하고요.

그런 걱정은 할 필요가 없습니다. 끝없이 나온다는 걸 알고 있으니까요. 불규칙하게 출현해서 도통 알 수 없는 세계인데, 왜 무수한 수학자들이 소수에 매력을 느낄까요? 가장 큰 이유는 '1보다 큰 모든 정수는 소수이거나, 몇몇 소수의 곱으로 나타낼 수 있다.' 하는 것 때문입니다. 모든 정수는 소인수분해 할 수 있다, 즉 소수의 곱의 형태로 나타낼 수 있다는 말이죠. 예를 들어 12는 2×6이나 4×3처럼 곱의 형태로 나타낼 수 있는데, 소수의 곱으로 나타내는 방법, 즉 소인수분해는 3×2^2, 이 한 가지뿐입니다. 그래서 소수는 모든 정수의 기본이며 원천이라는 것이죠.

모든 정수는 다음과 같이 나타낼 수 있습니다.

$n = p_1^{\alpha_1} \cdots p_t^{\alpha_t}$($p_1, \cdots p_t$는 소수)

나아가 소수는 정수의 기본이면서 아무런 일관성 없이

제멋대로 출현합니다. 그야말로 혼돈이죠. 그런데 이 혼돈 속에 아름다움이 있어요. 그래서 더욱 매력적인 것이죠. 아름다운 곳에 아름다움이 있는 것, 멋진 정원에 아름다운 튤립이 피어 있는 것은 그리 놀랄 일이 아닙니다. 그런데 혼돈의 쓰레기 더미 속에 아름다운 튤립이 피어 있다면 "오호!" 하고 감탄하게 되죠. 혼돈 속에 아름다움(질서)이 있기 때문입니다. 그리고 들쭉날쭉 제멋대로 출현하는 것처럼 보이지만 실은 1에서 n까지 출현하는 소수의 개수, 즉 n 이하에 있는 소수의 개수를 알 수 있는 식이 있어요. 그 개수를 $\pi(n)$(원주율 파이와는 무관함)이라고 하면

$$\pi(n) \fallingdotseq \frac{n}{1+\frac{1}{2}+\frac{1}{3}+\frac{1}{4}+\frac{1}{5}+\cdots+\frac{1}{n}}$$

이렇게 간단한 식으로 나타낼 수 있으니 얼마나 아름답습니까. 이 공식은 가우스가 천재의 직관으로 알아냈지만, 증명까지는 못했죠. 증명은 칠팔십 년 지나서 다른 사람이 했어요. 대천재도 증명은 못했지만, 발견만으로도 정말 대단합니다. n이 커지면서 정확도 역시 높아지죠.

아아, 소수의 개수는 그런 식으로 구하는군요.

네, 완전히 일치하지는 않지만 거의 그렇습니다.

그 부분이 왠지 좀 걸리네요.

그러나 복잡기괴하게 출현하는 소수를 이렇게 단순하게 표현할 수 있으니 얼마나 아름답습니까.

모든 자연수는 소수의 곱으로 나타낼 수 있는데, 그 소수의 출현 방식이 혼란스럽고 종잡을 수 없다는 것 자체에 수학을 하는 어려움이 깔려 있는 듯한 느낌이군요.

혼란스럽기만 한 것은 아니죠. 중요한 것은 혼돈 속에 아름다움이 있다는 점이에요. 그래서 짜릿한 매력이 있고요.

질서는 있는데 그것을 명쾌하게 표현할 수 없다, 모호한 질서가 있다는 뜻인가요?

질서는 분명히 있어요. 신이란 참 알 수 없는 존재여서, 소수를 그렇게 불규칙하고 어지럽게 늘어놓은 한편, 질서를 숨겨 놓았죠.

그렇게 숨겨 놓아야 하는 이유가 있을까요?

신은 전능하지만 심술궂기도 한 탓이죠. 신이 온 힘을 다해 숨겨 놓았기 때문에 인간은 좀처럼 알 수 없는 겁니다.

소수 중에서 둘밖에 차이가 없는 '쌍둥이 소수'만 해도 3과 5, 5와 7, 11과 13, 17과 19, 이렇게 많이 있을 것 같은데, 쌍둥이 소수가 무한히 있는지 없는지는 아직 증명되지 않았다면서요?

그렇습니다. 소수에 관한 문제로 '골드바흐의 추측'이라는 것이 있어요.

네, 들어 본 적 있어요. 아직 증명되지 않았죠.

전 세계의 천재들이 증명하려고 달려들었지만, 꿈쩍도 하지 않습니다. 소수는 정말 속수무책이에요. 골드바흐의 추측은 '2보다 큰 모든 짝수는 두 소수의 합으로 나타낼 수 있다.'는 것입니다.

4 = 2 + 2

6 = 3 + 3

8 = 3 + 5

10 = 3 + 7 = 5 + 5

12 = 5 + 7

14 = 7 + 7 = 3 + 11……

그렇게 끝까지 갈 것 같은데요.

컴퓨터로 이렇게 몇 억, 몇 조까지 확인해 봐도 전부 맞아요. 하지만 수학의 세계에서 몇 조는 아주 작은 숫자입니다. 1조의 1조배도 작은 수, 즉 유한수니까요. 1조까지 확인되었다고 해도 증명이 되지 않으면 "그래서 뭐?" 이렇게 되고 말죠. 다만 모든 수학자는 골드바흐의 추측은 옳다고 생각합니다.

느낌으로는 옳을 것 같다는 말씀이죠?

그런데 증명을 못해요. 어떻게 하면 증명할 수 있는지조차 알지 못합니다.

소수이기 때문일까요?

예를 들어 5는 자기 자신과 1밖에 약수가 없습니다. 그래서 소수죠. 6은 소수가 아니에요. 6은 자기 자신과 1 외에도 2와 3이라는 약수가 있으니까요. 자기 자신과 1이 아닌 약수가 있으면 합성수라고 합니다. 그런데 약수는 곱셈이잖아요. 골드바흐의 추측은 덧셈의 문제입니다.

아, 그렇군요.

네, 덧셈과 곱셈의 차이 때문에 뭐가 잘 맞지 않는 거죠. 내 생각에는 그래서 어려운 게 아닐까 싶군요. 곱셈에 관한 소수의 문제라면 아주 쉽게 밝혀지겠죠. 그런데 골드바흐의 추측은 곱셈으로 정의한 것을 덧셈으로 생각하려니까 어려운 거예요. 벌써 삼백 년 가까이 지났는데, 아직도 해결이 안 된 상태입니다.

페르마의 마지막 정리가 입증되었으니까, 이번에는 골드바흐의 추측 차례군요.

페르마의 정리는 삼백오십 년 전 이야기입니다. 골드바흐의 추측은 그보다 뒤죠. 페르마의 정리가 풀렸다고 해서 수학 전체에 큰 영향을 미친 것은 아닙니다. 골드바흐의 추측 역시 마찬가지겠죠. 수학에 큰 영향을 줄지는 미지수입니다.

페르마의 마지막 정리는 '없다'는 것을 증명해야 했는데, 골드바흐의 추측은 '있다'는 것을 증명해야 하는군요.

수학에서는 있다는 것을 증명하기가 어려울 때가 종종 있어요.

그런가요? 있다는 것은 즉 무한하게 있다, 무한하게 옳다는 것을 증명해야 하는 거죠? 페르마의 마지막 정리는 결국 없다는 것이 증명된 셈이니까, 왠지 조금은 허망함이 남았을 것 같아요. 반면 골드바흐의 추측이 증명되면 후련할 것 같네요.

있든 없든, 어쨌거나 저는 다 후련할 것 같아요.

메르센 소수와 페르마 소수

소수가 무한히 있다는 것은 증명되었나요?

네, 소수는 1조가 넘고 100조가 넘어도 무한히 있습니다. '소수는 무한히 있다.'는 정리도 아름답죠. 이것은 유클리드가 귀류법을 사용해서 증명했습니다. 가령 소수를 유한개라고 가정해 보죠. 유한하다면 그 전부를 일일이 쓸 수 있어요. 2, 3, 5, 7, 11…… 작은 수부터 하나하나 써 나가다 가장 큰 수가 나오면 그 수를 p라고 하죠. 이것이 이 세상에 있는 모든 소수인 셈입니다. 그 다음에는 이렇게 생각합니다. 소수 전부를 곱해서 1을 더해요.

$$N = (2\times3\times5\times7\times11\times \cdots\cdots \times P) + 1$$

모든 수는 소수이거나 소수가 아닌 합성수, 둘 중의 하나입니다. 이 N이 합성수라면 소인수분해할 수 있으니까 반드시 어떤 소수로 나누어떨어지죠. 그런데 이 세상에는 여기에 적은 소수 외에 다른 소수는 없어요. 그러니까 N은 그 소수 중 어느 하나로 나누어떨어지죠. 하지만 N은 2로 나누든 3으로 나누든 P로 나누든 나머지가 1입니다. 어떤 소수로도 나누어떨어지지 않죠. 따라서 N은 합성수가 아닙니다.

N 역시 소수가 되는군요.

그렇죠. 그런데 N이 소수라면…….

P보다 크죠.

맞습니다. 가장 큰 소수를 P라고 했는데, N은 그보다 큰 소수인 셈이니까 모순이죠. 모순이 생겼다는 것은 애당초 소수는 유한하다는 가정 자체가 틀렸다는 뜻이에요. 즉, 소수의 개수는 무한하다는 뜻이죠. 이천 년 전 그리스 사람이 이것을 증명했어요. 어떤 가정을 놓고 지금처럼 논리적으로 모순을 찾아내는 것, 이런 모순이 생긴 것은 애당초 가정에 오류가 있기 때문이라는 것을 증명하는 방법을 귀류법이라고 합니다. 정말 멋진 증명이죠.

1을 더하는 것이 실마리였군요.

정말 신기하죠. 그리스 사람은 음수도 루트도 받아들이지 않았어요. 물론 허수도 그렇죠. 0도 없는 세계에서 이렇게 엉뚱한 발견을 해냈으니.

+1은 상당히 유용하게 써먹을 수 있군요.

+1 외의 수는 별 보탬이 안 됩니다.

무한하다는 것을 증명하다니, 정말 대단한 일이네요. 수학은 손으로 만지고 눈으로 볼 수 없는 무한을 이렇게 논리적으로 설명하고 증명할 수 있군요.

무한한 소수의 세계에서 현재까지 발견된 가장 큰 소수는 $2^{20996011}-1$인데, 이 수는 630만 자리가 넘습니다.

와! 읽을 수가 없군요.

그런데 이 수치는 시시각각 변합니다. 이것은 2003년 12월 시점에 가장 큰 소수였죠(2019년 7월 기준으로 가장 큰 소수는 2018년 12월에 발표된 282589933 - 1로 자릿수는 24,862,048이다).

찾아내려고 하는 사람들이 있는 모양이죠?

그야 물론이죠. 그것도 한두 명이 아닙니다. 630만 자리라고 하면 엄청난 수입니다. 1조가 고작 12자리밖에 안 되니까요. 최대 소수를 찾는 사람들은 모두 P를 소수라고 하고 2^P-1을 계산합니다.

이 수가 소수가 될지는 알 수 없지만, 우연히 소수일 경우에는 그것을 '메르센 소수'라고 하죠. 2를 소수로 거듭제곱해서 1을 빼면 간혹 소수가 나옵니다.

2로 나누어떨어지니까 -1이 필요한 거군요.

그리고 컴퓨터로 계산을 하죠. 630만 자리 소수는 컴퓨터 스물한 대를 동원해서 찾아냈다고 합니다. 전 미국의 마니아를 한자리에 모아 놓고 동시에 계산을 시작합니다. 물론 지령을 내리는 슈퍼컴퓨터를 각자 조작하겠죠. 그렇게 며칠이 걸려 계산한 결과, 이 수가 소수라는 것을 알아낸 거예요. 한가한 사람들이 참 많죠. 금광을 찾아냈다면 돈이라도 생길 텐데, 어떻게 보면 정말 위대한 사람들입니다.

최대 소수를 찾아내도 그 수가 끝이 아니라는 것은 이미 알고 있을 텐데…….

다음 해가 되면 더 큰 소수가 반드시 나타나죠.

깨질 기록이라는 것을 알면서도 찾아내는군요.

페르마 소수라는 것도 있습니다. '페르마의 마지막 정리'의 페르마죠. 페르마나 메르센이나 둘 다 17세기 사람입니다.

$F_n = 2^{2^n} + 1 = 3$

이것이 페르마의 소수입니다. 2의 0승은 1, 2의 1승은 2, 2의 2승은 4, 2의 3승은 8이니까 F_n을 계산하면

$F_0 = 2^1 + 1 = 3$

$F_1 = 2^2 + 1 = 5$

$F_2 = 2^4 + 1 = 17$

$F_3 = 2^8 + 1 = 257$

$F_4 = 2^{16} + 1 = 65537$

F_0, F_1, F_2, F_3, F_4는 모두 소수입니다. 사실 페르마는 이 F_n은 n이 어떤 수이든 전부 소수일 것이라고 추측했죠. 이것도 페르마의 정리 중 하나입니다. 그런데 그로부터 백 년 정도 지나 오일러가 F_5를 계산해 봤더니 4,294,967,297이었어요. 오일러는 이 수가 소인수분해된다는 것을 알았죠. 641×6,700,417. 그렇다면 소수가 아니죠.

5에서 벌써 빗나갔군요.

그래서 페르마의 이 정리는 거짓이라는 것이 판명되었습니다. 컴퓨터로 계산한 결과, 그다음에는 소수가 하나도 나타나지 않았어요.

그런가요? 상당히 어설픈 추측이었군요. 그렇다면 메르센 소수가 그나마 실용적이겠네요.

페르마는 굉장한 천재였지만, 천재도 때로 빗나간 추측을 한다는 전형을 보여 줍니다. 당시의 계산 능력으로는 확인할 수 없었죠. 물론 4,294,967,297까지 계산은 했지만 소인수분해는 못했어요. 641은 소수지만, 641로 나누어떨어진다는 것까지는 몰랐던 거죠. 그렇게 보면 페르마 소수는 아무런 의미도 없는 것처럼 여겨질지 모르겠지만, 실은 그렇지가 않습니다. 왜냐하면 컴퍼스와 자로 작도할 수 있는 정n각형에 관계되기 때문이죠. 예를 들어 정삼각형은 컴퍼스와 자로 그릴 수 있습니다. 정사각형과 정오각형도 그릴 수 있죠. 그렇다면 정n각형은 그릴 수 있을까요?

$n = 2^r P_1 \cdots P_t$(단 $P_1, \cdots, P_t$는 페르마 소수)

이런 형태로 나타낼 수 있을 때만 컴퍼스와 자로 그릴 수 있다, 이런 정리입니다. 이 정리는 가우스가 증명했어요. 소수에 관한 한 페르마의 정리는 거짓이었죠. 그런데 그 페르마 소수가 작도에서 주인공 역할을 하고 있었던 겁니다.

식과 도형 사이에 새로운 비밀이 숨어 있었네요.

컴퍼스와 자로 작도할 수 있는 정n각형을 확인해 보죠. 이각형은 없으니까 우선 삼각형을 확인해 보겠습니다. 위의 식에 $r = 0$, $P_1 = 3$일 때 n은 3이 됩니다. 그다음은 r이 2일 때 페르마 소수가 하나도 없으면 n은 4니까 정사각형. 그다음 정오각형은 $r = 0$, $P_1 = 5$일 때입니다. 그다음은 $r = 1$, $P_1 = 3$일때 n은 6, 따라서 정육각형도 그릴 수 있죠. 정칠각형은 제아무리 대단한 천재라도 절대 그릴 수 없습니다. 정팔각형은 그릴 수 있습니다. 정구각형은 그릴 수 없죠. 정십각형은 $r = 1$, $P_1 = 5$인 경우니까 그릴 수 있습니다. 정십일각형은 그릴 수 없죠. 이렇게 컴퍼스와 자만으로 그릴 수 있는지 없는지 금방 알 수 있어요.

1796년 3월 30일 아침, 당시 열여덟 살이었던 가우스는 아침에 눈을 뜨면서 자와 컴퍼스로 정십칠각형을 작도할 수 있다는 것을 발견했죠(가우스는 생전에 자신의 연구를 단 한 번도 발표하지 않았지만, 그 대신 연구 성과를 꼼꼼히 기록한 일기장이 사후에 발견되었다. 그 일기는 1796년 3월 30일 정십칠각형 작도부터 시작해 1814년 7월 9일로 끝난다). 그는 그전까지는 신학과 수학 사이에서 어느 길을 가야 할지 갈피를 못 잡고 있었어요. 그런데 이 발견을 하는 순간, 비로소 자신감을 갖고 수학의 길을 걷기로 결심했다고 합니다. 나는 아침에 일어나면 화장실 가기 바쁜데, 가우스는 정십칠각형의 작도 문제를 해결했어요.

정칠각형을 그릴 수 없다면 정십칠각형도 그릴 수 없을 것 같은데, 실은 그릴 수 있군요.

그렇습니다. $r = 0$, $P_1 = 17$일 때이죠. 이렇게 작도할 수 있는 정다각형 가운데 소수각형은 3, 5, 17, 257등 몇 개 되지 않습니다. 정십일각형이나 정십구각형, 정이십삼각형도 모두 작도할 수 없죠.

페르마 소수일 때만 작도할 수 있는 거네요.

취미 삼아 한 일이 이런 데서 빛을 발한 거죠.

뜻하지 않은 역할을 하고 있었군요. 본인의 추측을 넘어서 말이에요.

그러니까 페르마는 어마어마한 천재라는 것이죠. 페르마의 소수는 천재의 오류라는 것이 밝혀졌습니다. 그런데 도형의 문제에서 등장하다니, 정말 굉장하죠. 보통 사람들은 감히 넘볼 수가 없어요. 오류를 범해도 옳은 방향으로 가는 것이 천재입니다. 가우스가 이를 발견한 때가 19세기 초엽, 페르마로부터 백오십 년이나 지난 후의 일이니 페르마가 살아 있었더라면 아마 깜짝 놀랐겠죠.

천재들이 무슨 경주를 하는 느낌이네요. 백오십 년을 주기로, 다양한 사고(思考)가 펼쳐지는 경주요. 가우스는 시각적으로 생각하는 재주가 탁월했던 건가요?

아마 그랬을 겁니다. 또 옛날에 계산했던 사소한 계산의 결과까지 기억하는 등 기억력도 비상했습니다. 아무튼 천재는 계산을 싫어하지 않아요. 그의 노트 여백을 보면 1000까지 등장하는 소수의 개수, 10000까지 등장하는 소수표가 그려져 있습니다. 1000까지의 수에서 등장하는 소수를 2, 3, 5……하는 식으로 일일이 써 나갔던 겁니다. 어린 시절에 이미 그런 계산을 했으니, 대단한 천재가 아닐 수 없죠.

$$\pi(n) \fallingdotseq \frac{n}{1+\frac{1}{2}+\frac{1}{3}+\frac{1}{4}+\frac{1}{5}+\cdots+\frac{1}{n}}$$

정말 대단하죠. 저도 표 정도는 간단히 그릴 수 있습니다. 하지만 한없이 들여다본다고 해서 이런 관계가 눈에 들어오는 것은 아니죠.

3월 30일 아침에 깨달았다는 사실에 무슨 의미가 있을까요?

수학을 전공하려고 할 때는 다들 두려운 마음이 앞서기 마련이죠. 내게 그만한 재능이 있을까 불안하기 때문입니다. 순수 수학은 직업을 바꿀 수 있는 융통성도 없어요.

수학자이거나 무의미한 존재거나, 둘 중에 하나밖에 없군요.

자신에게 과연 수학적인 재능이 있을까 생각하게 되죠. 어렸을 때부터 수학을 잘했고, 선생님에게 칭찬도 많이 받았고, 중고등학교에 가서도 선생님보다 더 잘했겠죠. 그러나 세상에는 그런 사람들이 얼마든지 있으니까요. 세계의 수재, 천재들과 과연 어깨를 겨룰 수 있을까……, 여러 가지로 정말 불안합니다.
가우스 역시 그랬을 거예요. 좋아서 수학에 빠지기는 했지만 말이에요. 그런데 그날 아침, 정십칠각형을 작도할 수 있다는 것을 깨닫고 상당한 자신감을 얻었을 거예요.

제 생일이 3월 30일이에요.

옛날에 신타니 노리코가 부른 〈프랑신(Francine)의 경우〉라는 노래가 있었죠. '3월 30일 일요일'이라는 가사가 나오는 노래요. 저는 그 노래를 들으면 '아아, 가우스가 그걸 발견한 날이네.' 하고 생각합니다. 오늘부터는 오가와 요코 선생님의 생일이란 것도 기억해야겠군요.

330을 연결 고리로 가우스가 등장하다니, 저도 예상치 못했어요.

가우스가 수학자가 되기로 결심한 역사적인 날입니다. 그 덕분에 수학은 극적인 발전을 이뤘죠. 오가와 선생님은 『박사가 사랑한 수식』이라는 소설을 쓸 운명이었던 겁니다.

성깔이 고약하고 악마적인 문제

골드바흐의 추측 말인데요. 지금까지 증명되지 않은 것으로 보아, 이 추측이 오류라고 판정될 가능성도 있지 않을까요?

그럴 수도 있죠.

왠지 두렵네요.

오가와 선생님이 아주 중요한 질문을 했습니다. 컴퓨터를 사용해서 1조×1조, 즉 스물네 자릿수까지 옳다는 것을 확인했다고 해도, 백만 자리의 극단적으로 큰 짝수를 두 소수의 합으로 나타낼 수 없는 가능성은 사라지지 않습니다.

만약 컴퓨터의 능력을 넘어선 곳에 반례가 있다면, 그 반례를 알아낼 수 있는 방법은 없는 것이나 다름없죠. 천재가 어떤 식으로 애를 써 본들 절대 증명할 수 없습니다.

따라서 수학자는 자신이 증명하려는 것이 어쩌면 거짓일지도 모른다는 두려움을 늘 안고 살아요. 만약 오류라고 판명된다면, 목숨을 걸고 골드바흐를 공략하는 사람들에게는 악몽에 가까운 일이겠죠. 평생을 바친 일이 물거품이 될 수도 있으니까요.

한편 수학자에게는 또 다른 두려움이 있습니다. 아무리 노력해도 그 문제가 현대 수학의 수준으로 해결되지 않을 때, 공략에 필요한 무기가 갖춰져 있지 않을 때죠.

시기상조라는 말씀이군요.

예를 들어 인류 역사상 최고의 수학자인 가우스 같은 천재도 달에 가서 돌을 가져오라고 하면 가져올 수 없습니다. 로켓이나 컴퓨터가 발달하지 않고는 달에 갈 수조차 없으니까요. 수학 역시 상황이 큰 변수로 작용합니다. 재능만 믿고 아무리 애써 봐야 상황이 갖춰져 있지 않으면 전혀 해결이 불가능한 경우도 있어요.

그리고 실은 한 가지 두려움이 더 있습니다. 이게 또

아주 골치 아픈데요. 오스트리아 사람인 쿠르트 괴델이 1931년에 '불완전성의 정리'를 발표했습니다. 수학은 불완전하다는 아주 불길한 원리를 발견한 것이죠. 1931년까지 인류는 수학적인 명제는 모두 옳든지 그르든지 둘 중 하나라고 믿었습니다. 1 + 1 = 2이거나 2가 아니다. 삼각형의 합은 180도이거나 180도가 아니다. 그리고 옳은 것은 언젠가는 반드시 논리적으로 증명할 수 있다고 믿었죠. 그런데 이 괴델이라는 과학자가 간단히 말해서, 옳다고도 그르다고도 판정할 수 없는 명제가 존재한다는 것을 증명했어요.

네? 증명을 했다고요?

증명했습니다. 어떻게 애를 써도 진위 여부를 논리적으로 판정할 수 없는 것이 존재한다고 말이죠. 그러니까 어떤 명제가 있는데, 그것이 가령 옳다고 해도 영원히 증명은 할 수 없는 명제가 있다는 것을 증명한 겁니다. 나는 그런 것을 성깔이 고약한 명제라고 하죠.

하지만 옳다는 것은 변함없잖아요.

신은 옳다는 것을 알지만, 아무도 증명하지 못하죠. 골드바흐의 추측 역시 그럴 가능성이 있습니다.

그렇다면 골드바흐의 추측이 불완전성의 원리에서 나

오는 그 성깔 고약한 명제라는 것은 증명할 수 있나요?

아, 이거 날카로운 질문이군요. 괴델의 불완전성의 원리는 수학처럼 순수하고 논리적인 세계에도 진위를 판정할 수 없는 명제가 있다는 것입니다.

오가와 선생님의 질문은 '어떤 명제가 진위를 판정할 수 있는 명제인지 아닌지를 사전에 검증할 수 있는 방법이 있느냐, 만약 그런 방법이 있다면 성깔이 고약한 명제는 피하면 되지 않겠느냐, 괜히 매달렸다가 평생을 물거품으로 만드는 헛수고는 하지 않아도 되지 않느냐.' 뭐 그런 뜻이겠죠.

앨런 튜링이 거기에 도전했습니다. 그리고 그런 방법이 없다는 것을 증명했죠. 그 증명으로 튜링은 일약 세계적인 수학자가 되었어요. 그가 컴퓨터를 발명하기 전의 일입니다. 컴퓨터는 인간의 논리적인 사고란 무엇인가를 정의한 그의 논문의 일부에서 탄생한 것입니다.

어떤 명제가 괴델이 말하는 '원리적으로 진위를 판정할 수 없는 명제', 즉 성깔 고약한 명제인지 아닌지를 판정할 수 있는 방법은 없다는 것을 증명한 것이죠. 따라서 골드바흐의 추측이 성깔이 고약한 명제인지 아닌지조차 확인할 길이 없어요.

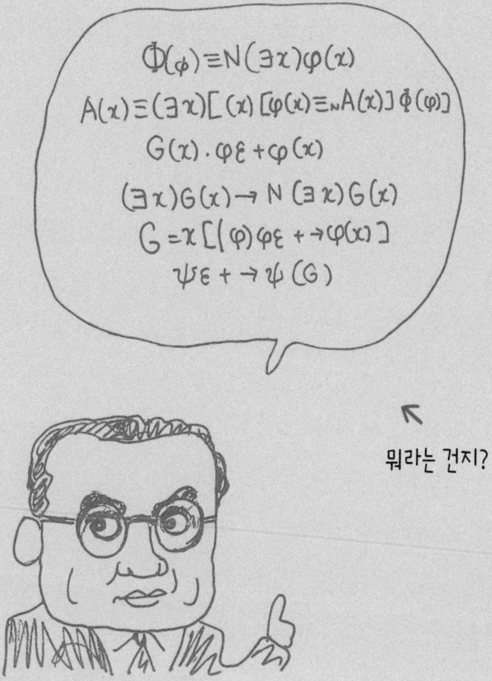

쿠르트 괴델

왠지 소름이 끼치는군요.

괴델의 불완전성의 원리가 발표된 후, 수학계뿐만 아니라 철학계에서도 일대 소동이 벌어졌습니다. 수학자들은 큰 충격을 받았죠.

일대 사건이었겠어요.

그전까지 인간은 논리적으로 사고를 진전시키면 모든 것을 알아낼 수 있다는 세계관을 갖고 있었습니다. 그런데 인간이 제아무리 이성과 지성을 발휘해도 절대 도달할 수 없는 것이 있으며 인간의 논리나 지성에는 절대적인 한계가 있다고 했으니, 성깔이 고약한 명제는 골드바흐의 추측일 수도 있고, 사후의 세계는 과연 어떨까, 영혼은 존속하는가, 신은 존재하는가, 이런 문제일 수도 있습니다.

과학자가 아무리 노력해도 논리로는 절대 도달할 수 없는 것이 있을 수도 있다는 가능성을 보여 준 셈이니, 소름 끼치는 일이죠. 더구나 그것이 성깔이 고약한 문제인지 아닌지조차 확인할 길이 없으니 말입니다.

그야말로 악마적이네요.

아, '성깔이 고약하다'는 표현보다 '악마적'이라는 표현이 좋군요. 과연 소설가입니다. 악마적인 문제인지 아닌지조차 판정할 방법이 없다는 공포가 세 번째 두려움입니다.

신비로운 π

 한 가지 꼭 여쭤 보고 싶은 게 있었어요. 원주율, 파이의 문제입니다. 원은 완전무결하게 완성된 형태인데 원주율은 3.141592……, 절대 나누어떨어지지 않는 무한수로 표현할 수밖에 없다는 것이 불가사의해요. 형태상으로는 완결되어 있는데, 수적으로는 그렇지 않잖아요.

 그렇습니다.

 더욱 불가사의한 것은 종이에 10센티미터 너비의 평행선을 몇 개 그린 다음, 평행선 너비의 절반인 5센티미터 길이의 바늘을 던지면, 바늘이 평행선에 닿든지 교차하

표 11 뷔퐁의 바늘 문제

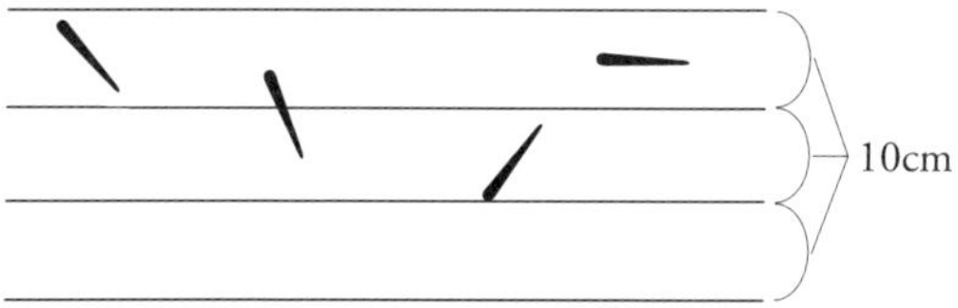

5cm짜리 바늘을 던졌을 때 바늘이 평행선에 닿을 확률은 $\frac{1}{\pi}$이다.

든지 아니면 평행선 사이에 놓이든지 셋 중 하나인데, 평행선에 닿을 확률이 $\frac{1}{\pi}$이라고 하더군요. 선생님께서 인터뷰 때 그런 말씀을 하셨는데, 정말 놀라웠어요.

'뷔퐁의 바늘' 이야기로군요(표 11). 10센티미터 너비에 5센티미터 길이가 아니라도, 바늘의 길이가 평행선 너비의 절반이면 결과는 모두 같습니다.

원과 전혀 무관한 문제에 파이가 불쑥 등장하니까, 저로서는 도무지 이해할 수가 없었어요. 둘 중 하나인데 $\frac{1}{2}$이 아니라 엉뚱하게 π가 등장하잖아요. 도대체 어디서 불쑥 나타난 것이냐고 물어보고 싶을 정도예요.

신의 장난이죠. 파이는 원주율이니까 불가사의할 수밖

에 없습니다. 뷔퐁의 바늘, 정말 신기하죠. 이런 곳에서 π가 등장하다니.

당을 확률이 낮네요. 3.14는 약 $\frac{1}{3}$인 셈이니까.

어떤 사람이 컴퓨터로 실험을 했어요. 100만 번을 실험했더니 $\frac{1}{\pi}$에 소수점 몇 자리까지 근사해졌습니다. 1억 번, 10억 번을 했더니 정말 더 가까워졌죠. 그 열정적인 연구가는 어느 정도의 속도로 $\frac{1}{\pi}$에 접근하는지, 그것까지 실험하고 계산했어요. 그런데 결과가 참 흥미롭습니다. 속도에도 규칙성이 있었던 것이죠. 1억 번에 비해 10억 번 실험하자 $\frac{1}{\pi}$의 오차가 $\frac{1}{\sqrt{10}}$으로 줄었답니다.

속도에 비밀이 있었군요.

신은 온갖 곳에다 참 얄미울 정도로 많은 비밀을 숨겨 두었어요.

던진 바늘이 어떤 규칙성에 따라 떨어질 줄은 전혀 몰랐어요.

그렇죠. 신은 늘 뭔가를 감춰 놓는다는 굳건한 믿음 없이는…….

신이 있다는 것부터 믿지 않으면 앞으로 나아갈 수가 없겠네요.

어떤 신이든 상관없어요. 그저 신에게 감사하면서 신의 품을 살짝 들여다보는 것이죠. 예를 들어

$$\frac{\pi}{4} = 1 - \frac{1}{3} + \frac{1}{5} - \frac{1}{7} + \frac{1}{9} - \frac{1}{11} \cdots\cdots$$

π는 3.141592……인데, 4로 나누면 0.785398……입니다. 위의 식에서 1은 $\frac{1}{1}$이니까, 홀수의 역수를 순서대로 더하고 빼는 것이죠. 1에서 $\frac{1}{3}$을 빼면 $\frac{2}{3}$, 즉 0.66666……입니다. 이렇게 더하고 빼고 더하고 빼기를 거듭하다 보면 느닷없이 $\frac{\pi}{4}$가 나타나죠. 어떻게 이런 일이 일어나는지 정말 신기합니다. 이것은 에도 시대 수학자 다케베 가타히로가 발견했어요.

에도 시대에 벌써 π에 대해 생각했다는 말씀인가요?

네, 그렇죠. 세키 다카카즈는 소수점 이하 열두 자리까지 정확하게 구했습니다. 세키 다카카즈는 원주의 길이가 원에 외접하는 정n각형과 내접하는 정n각형의 둘레 길이의 사이일 것이라고 추측하고 n을 4, 8, 16……이렇게 늘려 나갔죠(표 12). 지름을 1이라고 하면 원주의 길이는 π가 되죠. 그다음 이 정사각형으로 정팔각형을 만듭니다. 그리고 그 길이를 수학적으로 계산하죠. 이것은 상당히 어려운 문제입니다. 한 변의 길이를 알

표 12 세키 다카카즈가 원주의 길이를 구한 방법

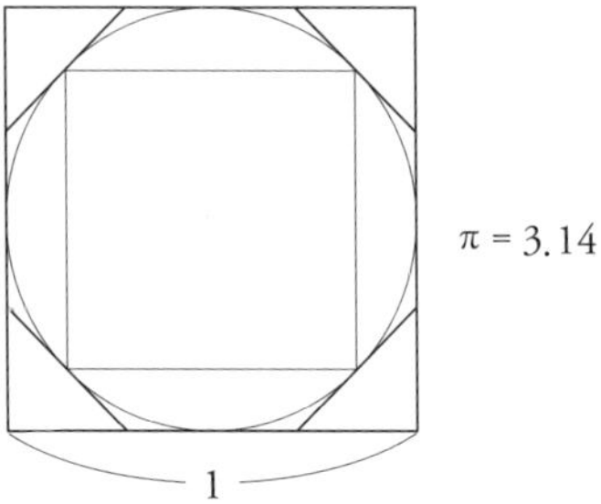

원주는 원에 내접하는 정n각형과 외접하는 정n각형 사이라고 가정하고 정사각형, 정팔각형……을 번갈아 가며 차례대로 그려 계산했다.

면 좋은데, 원에 접하는 정팔각형의 한 변의 길이를 계산하는 것만 해도 힘든 일이거든요. 그다음에는 정십육각형의 한 변의 길이를 구하고요. 역사적으로 그 나라의 수학 수준은 π를 어디까지 정확하게 구하느냐로 가늠했습니다. 이런 식으로 해서 세키 다카카즈는 π의 값을 소수점 아래 열두 자리까지 정확하게 구했어요.

π에 관해 이야기하자면 끝이 없습니다. 아까는 자연수의 제곱의 합을 구했죠. 이번에는 자연수의 제곱 분의

1을 더합니다. 그러면 어떻게 된 일인지 $\frac{\pi^2}{6}$이 나와요.

$$\frac{\pi^2}{6} = \frac{1}{1^2} + \frac{1}{2^2} + \frac{1}{3^2} + \frac{1}{4^2} + \cdots\cdots$$

이 밖에도 많은 수학자가 온갖 연구를 다 했지요. 짝수의 제곱을 홀수의 제곱으로 나누기도 하고요.

$$\frac{\pi}{2} = \frac{2^2 \quad 4^2 \quad 6^2 \quad 8^2 \quad 10^2 \cdots\cdots}{3^2 \quad 5^2 \quad 7^2 \quad 9^2 \quad 11^2 \cdots\cdots}$$

분자는 홀수를 제곱하고 분모는 짝수를 제곱해서 계속 곱해 나가면 정확하게 $\frac{\pi}{2}$가 나옵니다. 아무런 관계가 없는데도 π가 어디서든 얼굴을 내밀죠.

가령 네제곱 분의 1을 더해 나가면 어떻게 될까요? $\frac{\pi^4}{90}$가 됩니다.

$$\frac{\pi^4}{90} = \frac{1}{1^4} + \frac{1}{2^4} + \frac{1}{3^4} + \frac{1}{4^4} + \cdots\cdots$$

어디선가 갑자기 π가 나타나요. π는 원래 지름이 1인 원의 둘레의 길이잖아요. 그런데 온갖 수의 합에 π가 나타납니다. 신의 장난처럼.

π는 원에서 발견한 것이죠?

물론입니다.

그런데 원이 아닌 곳에도 있었던 거군요.

신의 장난이라고 할 수밖에 없을 정도로 여기저기에서 출현합니다. 『박사가 사랑한 수식』에도 종종 등장하는 '오일러의 공식' 역시 정말 신기하죠.

$e^{\pi i} + 1 = 0$(e의 πi승 = -1)

e는 자연로그의 밑입니다. 2.71828…….

e는 무한히 계속되죠. π도 무한히 계속되고 i는 눈에 보이지 않는 상상의 수, 즉 허수이고요.

그런데 e를 πi승하면 -1이 되어요. π와 i는 서로 아무 관련 없는 원주율과 허수잖아요. 그런데 e라는 중매인을 만나 결혼하더니 -1이라는 아이를 낳았습니다. 이게 있을 수 있는 이야기인가요? 전혀 상관없는 것들이에요. 로그에서 온 e, 원주율에서 온 π, 허수 i, 수학계의 슈퍼스타 전원 출동입니다. 그것들을 이렇게 맺어 주었더니 -1이 되었어요. 수학에는 이렇게 믿기 어려운 일들이 아주 많답니다.

영원히 계속되는 수가 마술이라도 부린 것처럼 순간적으로 -1이 되네요. 정말 마법 같아요.

너무 놀랍죠.

오일러는 과연 어떤 필연성이 있어서 이런 것을 발견했을까요?

세키 다카카즈

하하하하.

이런 식으로 되지 않을까 하고 이리저리 만지고 놀다가 우연히 발견한 것일까요?

정수에 정수를 제곱하는 것은 간단한 일입니다. 가령 $2^3 = 2\times2\times2$죠. $2^{-3} = \frac{1}{2^3}$도 간단하죠. 그런데 $e^{\pi i}$는 실수에 허수승입니다. 오일러는 허수승을 아름답게 정의하려고 했어요. 그리고 성공했죠.

이것을 발견했을 때 오일러는 기분이 좋았겠어요.

그랬겠죠.

정말 속이 다 후련했을 것 같아요.

오일러도 라마누잔처럼 과감한 짓을 서슴지 않았던 사람이에요.

과감하지 않으면 새로운 발상도 하기 어렵지 않을까 싶네요.

사실 수학에 대해서는 별 지식이 없는 사람이었어요. 잘 모르는데 신기하게도 발견을 한단 말입니다. 라마누잔도 마찬가지죠. 지금의 시각으로는 상당히 과감하고 난폭한데 신기하게도 틀리지 않아요. 나 같은 사람이 그런 짓을 했다가는 시작부터 틀렸을 텐데 말입니다. 보통은 과감하게 시작해도 좀 위험하다 싶으면 그만둡니다. 그런데 오일러와 라마누잔은 별 두려움 없이 과감하게 앞으로 밀고 나갔어요. 그리고 결국 현대 수학이 증명하고 정당화시킬 수 있는 발견을 해냈죠. 대학에 다니면서 시험 문제에 그런 답안을 썼다면 다들 낙제를 면치 못할 겁니다. 오일러나 라마누잔은 거침없이 태연하게 했지만요. 우리는 왜 위험한지 알고 있죠. 그들은 모르지만 본능적으로 위험한 곳을 어김없이 피해 갑니다. 정말 알 수 없는 사람들이죠.

신의 수첩을 들여다볼 수 있다면

오일러의 공식은 정말 아름답습니다. 이 공식을 통해서 우리는 e나 π, i의 정당성은 보장할 수 있을 것 같습니다.

역시 'i는 틀릴 수가 없다, 존재한다.'라는 말씀인가요?

그렇습니다. 사람이 만들어 낸 것이 아니라 신이 만들어 놓은 것이란 말이죠.

그렇군요.

인위적인 것들 사이에서 그렇게 기적적으로 아름다운 관계가 성립될 리 없죠. 간접적으로나마 e나 π, i의 정당성은 보증할 수 있습니다.

*i*를 허수 또는 정식적 고통을 부르는 수라고 하는데, 그 자신은 아주 평온하게 존재하고 있군요. 그런데 한 가지 궁금한 건 깨달음의 순간, 선생님 안에서는 어떤 일이 생기나요?

발견 직전까지는 속이 답답하고 그렇죠. 모든 것이 혼돈 속에서 뒤죽박죽이라 정말 기분이 좋지 않습니다. 그러던 중 발견의 순간이 찾아오면 모든 것이 반듯하게 정리되죠. 방을 예로 들면, 소파와 테이블은 뒤집어져 있고, 의자는 여기저기 나뒹굴고, 액자는 벽에서 떨어져 깨졌다고 칩시다. 그렇게 어지럽고 뒤죽박죽이던 방이 단숨에 짠 하고 깔끔하게 정리가 됩니다. 뒤엉켰던 실타래가 한 줄로 쭉 풀리는 듯한 느낌이 들 때도 있죠. 그렇게 짜릿한 기쁨은 달리 없을 겁니다.

선생님과 전혀 수준이 다르지만, 저 역시 시험을 보면서 모르는 것이 있으면 어쩔 줄을 모르고 답답해했죠. 그런데 보조선 하나를 쓱 긋거나 공식이 떠오르는 등 아주 사소한 실마리가 잡히면, 순간적으로 시야가 확 트이면서…….

그렇죠.

그런데 제가 왜 그 보조선을 그으려고 했는지는 알 수

가 없어요.

우리 역시 똑같은 기분을 느끼곤 합니다. 가령 우리가 가마쿠라 막부 시대의 '2대 장군'이라는 사람의 정체를 알고 싶다면, 백과사전이나 인터넷 검색으로 조사를 하겠죠. 그렇게 해서 알게 되는 것도 기쁨입니다. 반면 수학에서는 열심히 생각해서 보조선 하나를 발견하면 뒤죽박죽이던 것이 단숨에 풀리죠. 그 기쁨은 무엇과도 비교할 수가 없어요. 그것이 바로 수학을 연구하는 사람들의 기쁨이죠. 그런 기쁨이 있기 때문에 며칠이고 몇 달이고 몇 년이고 앞이 안 보이는 암담함 속에서 고생하는 겁니다. 어두운 터널 속에서 더듬더듬 걷는 것은 괴롭지만, 저편에 있을 빛을 기대하면서 믿고 나아가는 것이죠. 저편에 도달하지 못하는 일도 많지만요.

마지막으로 만약 신의 수첩을 한 페이지라도 들여다볼 수 있다면, 이것만은 꼭 신에게 물어보고 싶은 수수께끼가 있으신가요?

지금 생각하고 있는 것과 밀접한 관계가 있는 '버츠와 스위너톤-다이어 추측'과 젊었을 때부터 줄곧 생각하고 있지만 풀리지 않는 '아틴의 추측', 그런 것을 살짝 엿보고 싶군요. 만약 옳다면 그 증명도……. 하지만 신의 수첩에는 사실만 있지 증명은 없겠죠. 증명은 사람들이 하는 것이니까, 거기에는 아마 성립한다는 결과만 있을 거예요.

아, 그럴지도 모르겠네요.

증명이 있다면 춤이라도 추겠지만, 최소한 옳은지 그른지만이라도 알고 싶습니다. 그리고 골드바흐의 추측이나 리만 가설도 알고 싶죠.

결국은 '신의 수첩에 있는 것을 자신의 힘으로 어느 정도 볼 수 있는가.' 하는 것이 그 별에 사는 생물의 지적 성숙도를 가늠하는 척도입니다. 어떤 우주에 사는 우주인과 지구인의 지성을 비교할 때, 과연 어떻게 비교할 건지 말이에요. 문학은 비교해 봐야 아무 소용이 없죠. 물리 역시 다른 천체, 은하계 저 멀리에 있는 천체와는 물리적 법칙 자체가 다를 수 있습니다. 화학도 존재하는 원소가 다르니 그 체계가 다를 테고요. 그러나 수학만은 어딜 가나 다 똑같죠.

공평하게 비교할 수 있겠군요.

자연수든 소수든 어딜 가든 있을 테니까요. 그런 수에 대해서 상대가 어느 정도 알고 있는지를 파악해 보면 지성의 수준도 알 수 있죠. 가령 어느 행성의 지적 생물이 지구에 와서 "이 별의 생물은 지능이 어느 정도인가?" 하고 질문했다고 가정해 보죠. 그래서 우리가 "페르마의 마지막 정리를 풀었다." 하고 대답하면 "그거 제법이군."이라는 반응을 보이겠죠. 우리 역시 어느 별에 갔을 때 수학 이야기를 꺼내 보면 상대 쪽의 지적 수준을 대충 알 수 있을 겁니다. 19세기 초엽 야코비라는 수학자는 "인간 정신의 영광을 위해 수학을 한다."라고 말했어요. 쌓아 올린 수학의 업적이 바로 인류의 영광인 것입니다. 그런 의미에서 당장 보탬은 안 되지만 가치의 결정체라 할 수 있죠.

신의 수첩에는 그 모든 것이 다 쓰여 있기도 하거니와 날마다 불어나고 있을 텐데, 우리가 아는 것은 그 몇만분의 일, 아니 상상도 안 될 만큼 작은 일부분에 지나지 않습니다. 왜냐하면 이천 년 전보다 천 년 전, 천 년 전보다 백 년 전, 백 년 전보다 지금 우리가 모르는 게 더 많으니까요.

해결된 문제보다 모르는 것이 더 늘고 있다는 말씀이세요?

점점 늘어나고 있죠. 어떤 단계까지 가면 그다음 단계의 낯선 세계가 펼쳐지니까요. 그러니까 신의 수첩은

몇백 페이지, 몇만 페이지 수준이 아닐 겁니다. 무한 페이지일 수도 있죠. 정신이 까마득해지는군요.

앞서 오가와 선생님이 말한 '악마적 문제'가 어떤 것인지 제게만 살짝 가르쳐 줬으면 좋겠군요. 그럼 전 세계의 건방 떠는 천재들에게 "자네는 틀렸다니까, 그렇게 애써 봐야 헛수고야." 하고 슬쩍 약을 올려 줄 텐데 말입니다.

나오는 말

수학과 문학은 아름다움과 감동으로 통한다

물질 만능주의와 배금주의가 현대를 지배하고 있다. 그 결과, 요즘은 모든 것의 가치를 현실 생활에 도움이 되느냐 안 되느냐로 가늠한다. 이런 세태 속에서 초등학교에서는 영어와 컴퓨터와 기업가 정신을, 중학교에서는 주식과 채권을 가르치자는 제안이 검토되고 있다. 대학에서는 써먹을 수 있는 학문을 장려하고 교실에서의 이론과 현장에서의 실습을 결합하는 산학 협동을 외치는 한편, 초중등학교에서는 인간의 지적 활동의 토대라 할 수 있는 국어와 수학을 경시하는 풍조가 만연해 있다. 초등학교에서 대학교까지 배움의 모든 단계에서 실생활에 도움 되는 학문만 강조하고 있는 것이다.

이런 풍조에 일침을 가하기 위해 작가 오가와 선생님과 함께 고귀한 학문의 대표인 수학의 복권을 시도해 보았다. 하지만 이 책에서 이야기하는 내용은 철학론도 아니거니와 교육론도 아니다. 작가가 수학자에게 수학에 관한 소박한 질문을 던지는, 그동안 흔하게 볼 수 없었던 형식의 대화이다. 차분하고 고상한 오가와 선생님에 비해 촌스러운 나의 말이 다소 눈에 거슬리지만, 이는 질문보다 대답이 길어진 탓이니 용서를 구하고 싶다.

우리 두 사람을 맺어 준 것은 나의 책인『천재 수학자들의 영광과 좌절』과『마음은 고독한 수학자』에서 감흥을 얻은 오가와 선생님이 명저『박사가 사랑한 수식』을 세상에 내놓은 데 있다. 이 작품은 가사 도우미와 그녀의 열 살짜리 아들, 그리고 늙은 수학자, 이 세 사람이 주고받는 훈훈한 사랑을 지금까지 그 누구도 생각지 못한 수학과 야구의 결합을 통해 멋들어지게 그려 냈다.

수학과 야구를 맺어 준 것은 완전수인데, 완전수는 모든 약수의 합이 자기 자신으로 돌아가는 희귀한 수이다. 한신 타이거스 에나쓰 선수의 등 번호 28이 완전수라는 오가와 선생님의 발견이 작품의 열쇠였다. 나는 이 내용이 등장하는 장면을 읽으면서 '오, 오가와 선생님, 이걸 발견하는 순간 춤이라고 추고 싶으셨겠군.' 하고 생각했다. 그리고 나 자신도 무척 기뻐했던 기억이 난다. 오가와 선생님은 이 책에서 당시를 이렇게 조심스럽게 회상했다.

"그 순간, 이제 쓸 수 있겠다고 확신했어요."

이 말을 듣고 우리 두 사람이 같은 파장을 공유했다는 사실에 다시 한 번 기뻤다. 이런 공명이 있었기에 나의 보잘것없는 책이 후세에 길이 남을 명작을 낳는 영광을 얻었을 것이다.

대담을 나누면서 나는 오가와 선생님의 수학적인 발상과 그 예리함에 놀라지 않을 수 없었다. 문학과 수학은 표현의 차이는 있을지언정 감각적으로는 비슷한 부분이 상당히 많기도 했다.

학교에서는 수학의 기본 개념을 이해하고 그것을 활용해 문제를 보다 빨리 정확하게 푸는 것을 중시하기 때문에, 수학의 아름다움을 관조하는 수준에는 이르지 못한다. 그래서 이 책에서는 수학의 아름다움을 중심 주제로 잡았다.

수학이나 문학, 예술에서 가장 중요한 것은 아름다움과 감동이라고 생각한다. 이는 돈을 벌거나 병을 고치고 평화를 달성하고 범죄를 줄이는 데는 아무런 도움도 주지 않는다. 하지만 과연 인간이 부자가 되고 건강하며 안전하고 유복하게 살 수 있다면, 그것으로 이 세상에 태어나기를 잘했다고 만족할 수 있을까. 태어나기를 잘했다는 느낌을 줄 수 있는 것은 아름다움과 감동뿐이라고 생각한다. 수학과 문학과 예술은 그런 아름다움과 감동을 제공한다는 점에서 인류에게 가장 본질적인 도움을 주고 있다. 이 책을 읽는 독자가 나와 오가와 선생님의 이런 생각에 조금이나마 공감할 수 있다면 다행이겠다.

끝으로 이 책을 기획한 치쿠마쇼보의 마쓰다 데츠오 씨(알고 보니 초등학교 후배였다), 산만한 대담을 말끔하게 정리해 준 시조 에이코 씨 두 분에게 우리 두 사람을 대표해 고마움을 전한다.

후지와라 마사히코

옮긴이의 말

이토록 신비로운 수학과 예술의 세계

2004년, 기억이 80분밖에 지속되지 않는 수학 박사와 그의 집을 드나드는 가사 도우미, 그리고 그녀의 아들 루트의 지고한 우애를 다룬 소설 『박사가 사랑한 수식』이 세상에 선을 보였습니다.

이 소설은 평생을 수학에 몸담고 수식의 아름다움에 젖어 살았던 한 수학자를 중심으로, 수학과 야구를 접목해 수식에 숨어 있는 완벽함과 아름다움을 이야기로 꾸며 낸 신선함 때문에 읽는 이들의 많은 사랑을 받았지요.

작가 오가와 요코가 이렇게 멋진 소설을 쓸 수 있었던 배경에도 아름다운 만남이 있었습니다. 바로 일본의 저명한 수학자 후지와라 마사히코 선생님을 만난 인연이었죠. 오가와 요코는 후지와라 마사히코 선생님과 대화하면서 『박사가 사랑한 수식』이라는 소설을 쓸 수 있겠다는 단단한 믿음을 얻었다고 합니다.

『어디서나 불쑥 얼굴을 내미는 뜻밖의 수학』은 이렇게 오가와 요코가 수학에 입문한 과정과 그 자체로는 아무 감정도 감성도 품고 있지 않은 숫자와 수식이 어떻게 '아름다운'이라는 형용사로 수식될 수 있는지를 발견하고 느끼게 되는 과정을 담고 있습니다. 『박사가 사랑한 수식』이 태어난 비밀과 후지와라 선생님과 대담도 포함되어 있고요.

작가의 예리한 통찰력과 창조력이 수학자의 끈질긴 탐구심과 만나서 지상에서 가장 아름다운 것은 불변하는 보편의 진리라고 말합니다. 그래서 수학과 수식이 그토록 아름다운 예술성을 지닐 수 있는 것이라고 이야기하는 이 책은 수학적인 언어와 예술적인 언어가 어떻게 교감할 수 있는지를 보여 주는 좋은 예입니다.

더불어 후지와라 마사히코 선생님의 쉽고도 재미있는 해설은 수학에 대한 거부감을 안고 또 수학과는 거리가 먼 일상을 사는 우리에게 수와 수식에 담긴 비밀의 세계가 얼마나 신비롭고 아름다운지를 일깨워 주기에 부족함이 없습니다.

김난주

어디서나 불쑥 얼굴을 내미는 뜻밖의 수학

초판 1쇄 펴낸날 2019년 12월 5일

지은이 | 오가와 요코, 후지와라 마사히코
옮긴이 | 김난주
펴낸이 | 홍지연
편집장 | 김영숙
편집 | 이혜재 정아름 김선현
디자인 | 남희정 박태연
마케팅 | 이주은
관리 | 김세정
인쇄 | 에스제이 피앤비

펴낸곳 | 도서출판 우리학교
등록 | 제313-2009-26호(2009년 1월 5일)
주소 | 03992 서울시 마포구 동교로23길 32 2층
전화 | 02-6012-6094
팩스 | 02-6012-6092
이메일 | woorischool@naver.com

ISBN 979-11-90337-14-4 43410

이 도서의 국립중앙도서관 출판예정도서목록(CIP)은 서지정보유통지원시스템 홈페이지(http://seoji.nl.go.kr)와 국가자료종합목록 구축시스템(http://kolis-net.nl.go.kr)에서 이용하실 수 있습니다.(CIP제어번호: CIP2019046032)

- 책값은 뒤표지에 적혀 있습니다.
- 잘못된 책은 구입한 곳에서 바꾸어 드립니다.